དཀར་ཆག

科学好玩

KEXUE HAO WAN

健康与疾病

图书在版编目（CIP）数据
科学好玩.健康与疾病:藏汉对照/董仁威主编．-成都:四川科学技术出版社，2011.8(2012.12重印)
ISBN 978-7-5364-7250-1

Ⅰ．①科… Ⅱ．①董… Ⅲ．①自然科学-普及读物-藏语、汉语②健康教育-普及读物-藏语、汉语 Ⅳ．①N49 ②R193-49

中国版本图书馆CIP数据核字（2011）第177385号

科学好玩·健康与疾病

编　　者　四川省科技馆　四川省科普作家协会
主　　编　董仁威
藏文翻译主编　嘉智·亚玛泽仁
藏文翻译　才毛吉　旦正加
组稿编辑　李蓉君
藏文编辑　侃召才让
责任编辑　叶　战
封面设计　贺礼斌　董　梅
版面设计　贺礼斌　董　梅
责任出版　周红君
出版发行　四川出版集团·四川科学技术出版社
成都市三洞桥路12号　邮政编码 610031
成品尺寸　210mm×275mm
印张7　字数29千
印　　刷　四川联翔印务有限公司
版　　次　2011年8月成都第一版
印　　次　2012年12月成都第二次印刷
定　　价　33.60元
ISBN 978-7-5364-7250-1

地址/成都市三洞桥路12号 电话/（028）87734081
邮政编码/610031

目录

སྨོན་འགྲོའི་གཏམ།

ཚན་རིག་རྩེད་ཉམས་ཆེ། ཚན་རིག་ངོ་མཚར་ཆེ་ཞེས་པ་ནི་ཚན་རིག་པས་བརྗོད་པའི་གོ་དོན་གསར་པ་ཞིག་རེད།

ཁྱོད་ཀྱིས་རྫས་འགྱུར་རིག་པའི་དགེ་རྒན་གྱིས་མདོག་མེད་པའི་གཤེར་ཁུ་དམ་བེ་གཉིས་མཉམ་དུ་བསྲེས་རྗེས་གཤེར་ཁུ་དེ་མཛེས་སྡུག་ལྡན་པའི་ཚོན་མདངས་ཤིག་ཏུ་གྱུར་པར་མཐོང་བའི་ཚེ་དང་། ཁྱོད་ཀྱིས་ལག་པས་གཏོང་འཛིན་འཕྲུལ་ཆས་བཟུང་སྟེ་མིས་བཟོས་འཕུར་སྡེར་འཁོར་དུ་འཇུག་པའི་སྐབས་སུ། ཁྱོད་ཀྱིས་ཚན་རིག་ནི་རྩེད་ཉམས་ཆེན་པོ་ལྡན་པ་ཞིག་ཡིན་སྣང་མི་འཆར་རམ།

ཁྱོད་རང་4Dགློག་བརྙན་ཁང་དུ་བསྡད་ནས་རླུང་བརྟེན་རླབས་གཤགས་བྱེད་པ་དང་། རྟག་བཟོའི་འཛིག་རྟེན་དུ་རླངས་འཁོར་ལེགས་ཐོས་ཀྱི་ཁ་ལོ་བསྐོར་ཏེ་བར་སྣང་ཁམས་སུ་འཕུར་བ་དང་། གློག་རྒྱུན་འཕྲེད་སྐྱུད་མཇུབ་རྩེ་ རུ་སྦྲ་འཁྲབ་ པ་དང་། མ་འོངས་པའི་ཁ་ལོ་བསྐོར་ཁང་དུ་རྒྱང་རིང་ཚོད་འཛིན་སྤྱུད་དེ་གནམ་དུ་ འཕུར་ཞིང་ས་རུ་འཛུལ་བའི་ཚེ་ཁྱོད་ཀྱིས་ཚན་རིག་ནི་རྩེད་ཉམས་ཆེན་པོ་ལྡན་པ་ཞིག་ཡིན་སྣང་མི་འཆར་རམ།

ཁྱོད་ཀྱིས་འཕྲུལ་མི་ཆོས་རྐང་རྩལ་སྤྱི་ལོ་འགྲན་སྡུར་བྱེད་པ་དང་། སྣ་མང་གི་ཚན་རྩལ་གསར་གཏོད་ཀྱི་འགྲན་བསྡུར་ལ་ཞུགས་པ། ཚན་རིག་རྟོག་ཞིབ་བྱེད་པའིདབྱར་གྱི་གླུང་གསེང་ཁྲིད་རང་བྱུང་གི་གསང་བ་འཚོལ་ཞིབ་བྱེད་པ་འི་དུས། ཁྱོད་ཀྱིས་ཚན་རིག་ནི་རྩེད་ཉམས་ཆེན་པོ་ལྡན་པ་ཞིག་ཡིན་སྣང་མི་འཆར་རམ།

ཁྱོད་ཀྱིས་འཕྲུལ་མིའི་འཛིག་རྟེན་ནང་གི་འཕྲུལ་མི་རོལ་དབྱངས་རུ་ཁག་གིས་འཁྲབ་སྟོན་སྲེལ་རེས་དང་། རྟོག་བཟོའི་འཛིག་རྟེན་ནང་དུ་མདོ་འཛིན་པ་དང་ཁ་ཏ་བྱེད་པ། ཤིང་རྟ་འཁོར་ལོ་བསྐོར་ཏེ་ཁྲིམ་དུ་སྐོར་རྒྱུག་བྱེད་པར་གཟིགས་པའི་ཚེ་ཁྱོད་ ཀྱིས་ཚན་རིག་ནི་རྩེད་ཉམས་ཆེན་པོ་ལྡན་པ་ཞིག་ཡིན་སྣང་མི་འཆར་རམ།

མི་རབས་གསར་པའི་ན་ཆུང་བྱིས་པ་རྣམས་རྩེད་མཚར་ཆེ་ཞིང་ངོ་མཚར་ཆེ་བའི་

ཚན་རྩལ་གྱི་འཛིག་རྟེན་དུ་པདེ་ཐང་དང་འཚར་ལོངས་འབྱུང་ཐུབ་པའི་ཆེད་དུ། ང་ཚོས་ཚན་རིག་ཁྱབ་སྤེལ་རྩོམ་པ་པོ་རྩ་འཛུགས་བྱས་ཏེ《ཚན་རིག་རྩེད་ཉམས་ཆེ》དང《ཚན་རིག་ངོ་མཚར་ཆེ་》ཞེས་པའི་དཔེ་དེབ་གཉིས་རྩོམ་སྒྲིག་བྱས་པ་ཡིན། དེ་དག་གི་ནང་དུ་མཁའ་སྐྱོད་དང་། དབྱིངས་སྐྱོད། འཕྲུལ་ཆས། ནུས་ཁུངས། ཆུ་བེད། བཟ་འཕྲིན། རྒྱུ་ཆས། རྟོག་བཟོའི་འཛིག་རྟེན། ཤུགས་རིག འཕྲུལ་མི། སྒྲ་ རིག འོད་རིག གློག་དང་སྟུད། སྐྱེ་ཁམས་རིག་པ། རྫས་རིག ཁོར་ཡུག་སྲུང་ སྐྱོང་། བདེ་ཐང་དང་ནད་ཚ། ཚོ་སྲོག་རིག་པ། སྲོག་ཆགས། རྩི་ཤིང་། སྐར་རྩིས། ས་གཤིས། གནམ་གཤིས་སོགས་ཀྱི་རིག་པ་འདུས་ཡོད་ཅིང་ཁྱོན་བསྡོམས་དཔེ་དེབ18ཡོད། དཔེ་ཆ་འདི་དག་བཀླགས་པ་ཡིན་ན་གྲོགས་པོ་ཆུང་ཆུང་ཚོས་ཚན་རིག་ནི་རྩེད་ཉམས་ཆེ་ཞིང་ངོ་མཚར་ཆེ་བ་ཡིན་པའི་འདུ་ཤེས་གསར་པར་སྐྱོང་ཚོར་བྱེད་ཐུབ་པ་དང་།

ཡང་ས་ཤིང་སྒོ་བའི་ཁོར་ཡུག་དུ་ཏུ་ཐོས་རྒྱུ་ཇེ་ཆེར་ཕྱིན་ནས་རང་ཉིད་ཀྱི་ཚན་རིག་རིག་གནས་ཀྱི་སྤུས་ཚད་ཇེ་མཐོར་གཏོང་ཐུབ་པ་རེད།

དཔེ་དེབ་ཆ་ཚང་འདི་ནི་རྩོམ་པ་པོ་དང་། མཛེས་རྩལ་པ། རྩོམ་སྒྲིག་དཔེ་སྐྲུན་མཁན་མང་པོའི་འབད་བརྩོན་གནང་བའི་འོག་ཏུ་གཞི་ནས་ང་ཚོའི་སྤྱན་ལམ་དུ་བསྟར་ཐུབ་པ་བྱུང་བས་དཔེ་དེབ་ཆ་ཚང་འདི་ཡིས་ཁྱོད་ལ་ཤེས་བྱ་དང་དགའ་སྤྲོ་མཉམ་དུ་སྤྲིན་ཐུབ་པར་སྨོན།

ཆེད་དུ་བརྗོད་དགོས་པ་ཞིག་ནི་དཔེ་དེབ་འདི་ཉིད་རྩོམ་སྒྲིག་བྱེད་པའི་བརྒྱུད་རིམ་ཁྲོད་དུ་སི་ཁྲོན་ཚན་རྩལ་མཐུན་ཚོགས་དང་སི་ཁྲོན་ཚན་རྩལ་ཁང་གིས་རྒྱབ་སྐྱོར་ཆེན་པོ་གནང་ཞིང་ནང་དོན་ཁ་ཤས་ཀྱང་སི་ཁྲོན་ཚན་རྩལ་ཁང་གི་བཤམས་རྫས་འགའ་ཞིག་ཀྱི་བཀོད་འདྲེན་ༀྲས་ཡོད་པས་འདིར་ཁོང་རྣམ་པ་ལ་ཐུགས་རྗེ་ཆེ་ཞུ་རྒྱུ་ཡིན།

前 言

“科学好玩”、“科学有趣”，这是科学家们提出的新概念。

你在观看化学老师将两瓶无色的液体混在一起，液体变成了绚丽的色彩时，你手持电控器，指挥“人造飞碟”团团转时，你不觉得科学好玩吗？

你在4D影院里感受“乘风破浪”、在虚拟世界中驾驶极品飞车、电流弧线在指尖“跳舞”、在未来驾驶舱里“上天下地”遥控驾驶……你不觉得科学好玩吗？

你在观看机器人足球比赛、参加各种科技创新大赛、科考夏令营中探索自然秘密时，你不觉得科学有趣吗？

你观看机器人世界中的“机器人乐队互动演出”、在虚拟世界中“与主持人对话”、“驾马车游街”等等，你不觉得科学有趣吗？

为了让新一代少年儿童在好玩、有趣的科技世界中健康成长，我们组织科普

作家编撰了《科学好玩》、《科学有趣》两套丛书，包括航空、航天、机械、能源、水利、信息、材料、虚拟世界、力学、机器人、声学和光学、电与磁、生态学、数学、环境保护、健康与疾病、生命科学、动物、植物、天文、地理、气象等学科，共18册。阅读这些图书，小朋友们可以体验“科学好玩”、“科学有趣”的全新理念，能够在轻松愉快的氛围中，增长见识，提高自身的科学文化素质。

这套丛书在众多作家、美术家、编辑出版家的努力下问世了。让这套丛书为你带来知识，带来快乐吧！

需要特别指出的是，在本书的编辑过程中得到了四川省科学技术协会和四川科技馆的大力支持，部分内容还引用了四川科技馆的部分展品，在此向他们表示感谢。

བཟའ་བཅའ་དང་འཚོ་བཅུད།

འཚོ་བཅུད་ནི་མིའི་ལུས་ཕུང་གིས་བཟའ་བཅའ་འམ་ཡང་ན་འཚོ་བཅུད་ཀྱི་རྫས་སྤྱད་ལེན་དང་བེད་སྤྱོད་བྱེད་པའི་བརྒྱུད་རིམ་ཞིག་ལ་བརྗོད་ཅིང་། དེའི་ཁོངས་སུ་སྤྱད་ལེན་དང་། འཇུ་དོར། ལུས་ཕུང་གིས་བེད་སྤྱོད་པ་སོགས་འདུས། ནུས་པ་འདི་དག་ཡོངས་སུ་འདུས་པའི་བཟའ་བཅའ་ནི་དོན་དངོས་བཟའ་བཅའི་འཚོ་བཅུད་ཀྱི་རིན་ཐང་ཡིན་ཞིང་། དེས་བཟའ་བཅའི་འཚོ་བཅུད་ཀྱི་རྫས་དང་ནྲོད་ནུས་ཀྱིས་མིའི་ལུས་ཕུང་གི་འཚོ་བཅུད་དགོས་མཁོ་སྐོང་ཚད་འདང་མིན་ཐག་གཅོད་པ་ཡིན། མིའི་ལུས་ཕུང་ལ་མཁོ་བའི་འཚོ་བཅུད་རྫས་གཙོ་བོ་ནི། སྤྲི་དཀར་རྫས་དང་། ཚིལ། སྣུན་ཆུ་འདྲེས་འགྱུར་རྫས། འཚོ་བཅུད་རྫས། གཉེར་རྫས། གསོལ་རས་ཚི་སྣ། ཆུ་སོགས་ཡོད།

འཚོ་བཅུད་སྙིང་པོ་ནི “ཚད་ལྡན” དང་ “ཆ་སྙོམས” བྱེད་པ་དེ་ཡིན། དེས “ཅི་ཞིག་བཟའ་བ” དང་། “ཚད་གང་འདྲ་ཞིག་བཟའ་བ” ། “ཇི་ལྟར་བཟའ་བ” སོགས་ཀྱི་གནད་དོན་ཐག་གཅོད་ཐུབ་ངེས་ཡིན། དེ་བས་ལོ་ཚོད་མི་འདྲ་བ་དང་། ཕོ་མོ་མི་འདྲ་བ། གཟུགས་པོའི་ལྗིད་ཚད་མི་འདྲ་བ་བཅས་ལ་བརྟེན་ནས། སོ་སོའི་འཚོ་བཅུད་དགོས་མཁོ་ལའང་ཁྱད་པར་ཡོད། རང་རྒྱལ་གྱི་འཚོ་བཅུད་ལྡན་ཚོགས་ཀྱིས། མི་ཡི་རིགས་མི་འདྲ་བའི་འཚོ་བཅུད་དགོས་མཁོའི་ཞིབ་འཇུག་ལ་གཞིགས་ནས་ཉིན་རེའི་འཚོ་བཅུད་མཁོ་འདོན་གྱི་ཚད་གཞི་གཏན་ཁེལ་བྱས་ཡོད་ཅིང་། ཚད་གཞི་འདི་ནི་ཁྱིམ་ཚང་གི་བཟའ་ཆས་སྡེབ་སྒྲིག་གི་དཔྱད་གཞིར་ཕུལ་བ་ཡིན། མིའི་ལུས་ཕུང་ལ་མཁོ་བའི་འཚོ་བཅུད་རྫས་གཙོ་བོ་ནི། སྤྲི་དཀར་རྫས་དང་། ཚིལ། ཕྲན་རྒྱ་འདྲེས་འགྱུར་རྫས། འཚོ་བཅུད་རྫས། གཏེར་རྫས། གསོལ་རས་ཚི་སྣ། ཆུ་བཅས་ཡིན།

འཚོ་བཅུད་ཀྱི་སྙིང་པོ། ཟས་རིགས་ཆ་སྙོམས་པ་དེ་ཡིན།

མི་རེ་འགས་ཁྱིམ་ཚང་གི་ཟས་རིགས་སྡེབ་སྒྲིག་གི་ཚད་དེ་མཆོད་རྟེན་གྱི་དབྱིབས་ཀྱིས་མཚོན་པར་བྱས་ཡོད་ཅིང་། དེས་འཚོ་བཅུད་ཐོག་ཅུང་ཚད་དང་ མཐུན་པའི་བཟའ་ཆས་སྤྱོད་སྟངས་ཀྱི་དཔེ་རྣམ་ཞིག་བསྟན་ཡོད། མཆོད་རྟེན་གྱི་དབྱིབས་དེ་རིམ་པ་ལྔར་དབྱེ་ཞིང་། དེའི་ནང་དུ་ང་ཚོས་ཉིན་རེར་ངེས་པར་སྤྱོད་པའི་བཟའ་ཆས་རིགས་བཀོད་ཡོད། མཆོད་རྟེན་གྱི་རིམ་པ་སོ་སོའི་གནས་ཡུལ་དང་རྒྱ་ཁྱོན་ཚང་མ་མི་མཚུངས་ཤིང་། ཚད་ངེས་ཅན་ཞིག་གི་སྟེང་ནས་བཟའ་ཆས་རིགས་སོ་སོའི་གོ་ས་དང་ཚད་འཛིན་གྱི་གཙོ་ཐལ་ཡང་སྟོན་པ་ཡིན། རིམ་པ་འོག་མ་ནི་འབྲུའི་རིགས་ཏེ། མི་རེའི་ཉིན་རེར་ཁེ ༣༠༠ ནས ༥༠༠ བཟའ་དགོས། རིམ་པ་གཉིས་པ་ནི་སྔོ་

མཆོད་རྟེན་དབྱིབས་ཀྱིས་འགྲེལ་བའི་བཟའ་ཆས་སྤྱི་སྒྲོམས་བྱེད་སྟངས།

ཚོད་དང་ཞིང་ཏོག་གི་རིགས་སྟེ། ཉིན་རེར་ཁ་ ༤༠༠ནས་༥༠༠ དང་། ༡༠༠ནས༢༠༠བར་བཟའ་དགོས། རིམ་པ་གསུམ་པ་ནི་ཉ་དང་། བྱ། ཤ སྒོང་སོགས་སྲོག་ཆགས་རང་བཞིན་གྱི་བཟའ་ཆས་རིགས་ཏེ། ཉིན་རེར་ཁ༡༢༥ནས༢༠༠ (ཉ་དང་སྦལ་རིགས་ཁ༥༠དང་། ཕྱུགས་དང་བྱ་རིགས་ཀྱི་ཤ་ཁ་༥༠ནས༡༠༠བར་དང་། སྒོ་ངའི་རིགས་ཁ༢༥ནས༥༠བར་ཡིན) བཟའ་དགོས། རིམ་པ་བཞི་བ་ནི་འོ་མའི་རིགས་དང་སྲན་རིགས་དང་། སྲན་བཟོས་བཟའ་ཆས་ཀྱི་རིགས་ཏེ། ཉིན་རེར་ཁ༥༠བཟའ་དགོས། རིམ་པ་ལྔ་བ་མཆོད་རྟེན་གྱི་རྩེ་ནི་སྣུམ་རིགས་ཏེ། ཉིན་རེར་ཁ༢༥ལས་བརྒལ་མི་ཆོག

འཚོ་བཅུད་རྫས་སྦྱིན་སྟངས་ཀྱི་ཚད་གཞི། བཟའ་ཆས་སྡེབ་སྒྲིག་གི་རྩ་བའི་གཞི་འཛིན་ས།

ལོ་ཆོད་མི་འདྲ་བ་དང་། ཕོ་མོ་མི་འདྲ་བ། གཟུགས་པོའི་ལྗིད་ཚད་མི་འདྲ་བ་བཅས་ལ་བརྟེན། སོ་སོའི་འཚོ་བཅུད་དགོས་མཁོ་ལའང་ཁྱད་པར་ཡོད། རང་རྒྱལ་གྱི་འཚོ་བཅུད་ལྷན་ཚོགས་ཀྱིས། མི་ཡི་རིགས་མི་འདྲ་བའི་འཚོ་བཅུད་དགོས་མཁོའི་ཞིབ་འཇུག་ལ་གཞིགས་ནས་ཉིན་རེའི་འཚོ་

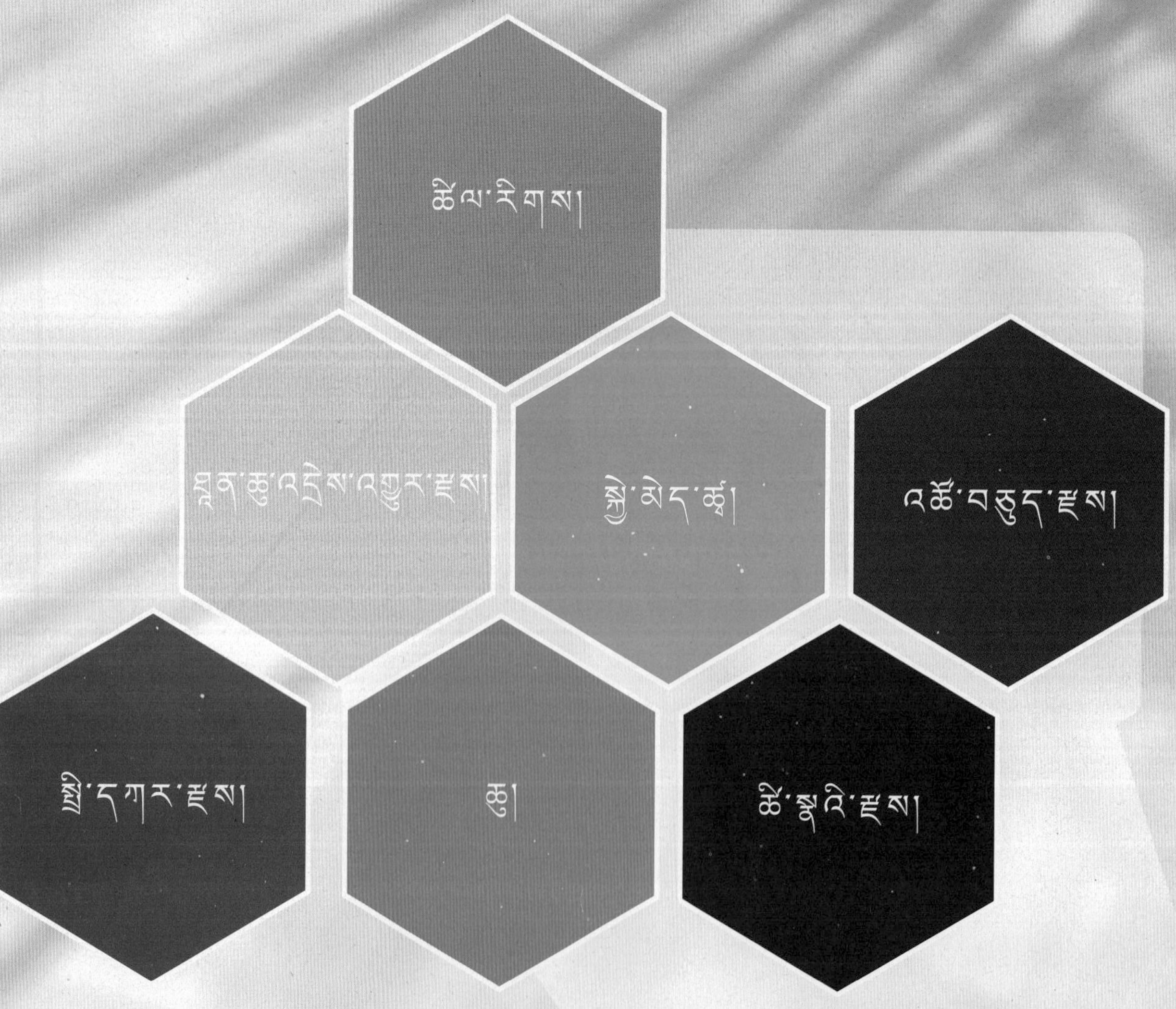

བཅུད་མཁོ་འདོན་གྱི་ཚད་གཞི་གཏན་ཁེལ་བྱས་ཡོད་རྗེང་། ཚད་གཞི་འདི་ནི་སློབ་གྲྭ་དང་། བྱིས་བཅོལ་ཁང་། ལུས་རྩལ་རུ་ཁག སྨན་ཁང་སོགས་ཀྱི་འཚོ་བཅུད་སྦྱིབ་སྒྲིག་གི་རྩ་བའི་གཞི་འཛིན་ས་ཡིན་ལ། ཁྱིམ་ཚང་གི་བཟའ་ཆས་སྦྱིབ་སྒྲིག་གི་དཔྱད་གཞིའང་ཡིན། མིའི་ལུས་ཕུང་ལ་མཁོ་བའི་འཚོ་བཅུད་རྫས་གཙོ་བོ་བདུན་ཏེ། སྤྲི་དཀར་རྫས་དང་། ཚིལ་རིགས། སྐྱེ་མེད་ཚྭ། ཕྲན་ཆུ་འདྲེས་འགྱུར་རྫས། འཚོ་བཅུད་རྫས། ཚོ་སྣའི་རྫས། ཆུ་བཅས་ཡིན།

ཆ་སྙོམས་པའི་བཟའ་ཆས། ཚོད་མཐུན་གྱི་འཚོ་བཅུད་སྤེལ་སྦྲིག་གི་བྱེད་ཐབས།

ང་ཚོས་དེང་རབས་ཚན་རིག་དང་མཐུན་པའི་འཚོ་བཅུད་གྲུབ་འབྲས་ཐེད་སྤྱོད་དེ། འཚོ་བཅུད་ཚད་གཞི་ལྟར་མི་ཡི་རིགས་མི་འདྲ་བར་འཚོ་བཅུད་དགོས་མཁོ་མཁོ་སྤྲོད་བྱེད་ཅིང་། ཚོད་མ་དང་ཤ སྒོ་ང་སོགས་ལུགས་མཐུན་གྱི་སྤེལ་སྦྲིག་བྱས་ན། འཚོ་བཅུད་རྫས་ཚད་མཐུན་དང་སྤྱི་སྙོམས་སུ་འགྱུར་ངེས། འཚོ་བཅུད་སྣ་བདུན་ཡོངས་སུ་ཚང་ཞིང་། མང་ཉུང་གི་ཚད་རན་པ་བཅས་བྱས་ན།

མིའི་ལུས་ཕུང་གིས་བདེ་ཐག་དང་སྟུད་ལེན་བྱེད་ཐུབ་ལ། དུས་དང་ཚད་ལྟར་མི་ཡི་རིགས་སོ་སོར་མཁོ་སྤྲོད་བྱ་ཐུབ་ཆེ། མིའི་རིགས་ཀྱི་བཟའ་ཆས་ལ་ཕན་རྐྱེན། ཚད་མཐུན་གྱི་འཚོ་བཅུད་རྫས་སྣེབ་སབསྲེས་བྱེད་ཅིང་། ཤུགས་ཆེན་པོས་འཕེལ་རྒྱས་སུ་གཏོང་འོས།

དཔེར་བཞག་ན། སློབ་མའི་ལུས་ཕུང་ལ་འགྲོད་པའི་སློབ་མའི་བཟའ་བཅའ་དང་། གོང་བ་སྟོན་པོ་དང་དཀར་པོར་འགྲོད་པའི་ལས་སྒྲུབ་མི་སྣའི་བཟའ་བཅའ། སྨན་ཁང་གི་ནད་པར་འགྲོད་པའི་བཟའ་བཅའ་བཅས་མཁོ་འདོན་བྱེད་དགོས།

བདེ་ཐང་གི་བཟའ་བཅའ།

ཅི་ཞིག་ལ་བདེ་ཐང་གི་བཟའ་བཅའ་ཟེར། འདིའི་སྐོར་ལ་འཛམ་གླིང་ཐོག་ད་སྟུ་གཅིག་མཐུན་གྱི་མཚན་ཉིད་ཅིག་མེད། སྤྱིར་བཏང་དུ། མིའི་རིགས་ཀྱི་ཚེ་སྲོག་གི་རྒྱུན་བསྲིངས་ཐུབ་པ་ཕུད། དེ་ལ་དམིགས་བསལ་ནད་བཅོས་ཀྱི་ནུས་པ་ལྡན་ལ། ལུས་ཀྱི་འབྱུང་ཁམས་ནུས་པ་གསོ་སྐྱེལ་དང་སྙོམས་སྒྲིག་བྱེད་ཐུབ་པའི་བཟའ་ཆས་ལ་ངོས་འཛིན་གྱི་ཡོད། དེར་བཟའ་བཅའ་དཀྱུས་མ་དང་། ལྗང་མདོག་གི་བཟའ་བཅའ། ནད་བཅོས་བཟའ་བཅའ། འཚོ་བཅུད་ལུས་

GreenFood ® 绿色食品 ®

གསོའི་བཟའ་བཅའ། དམིགས་བསལ་བཀོལ་སྤྱོད་བཟའ་བཅའ། སྐྱེ་ལྡན་རང་བཞིན་གྱི་བཟའ་བཅའ་སོགས་འདུས་ཡོད།

རང་རྒྱལ་གྱིས་བདེ་ཐང་བཟའ་བཅའ་ལ་ཁྲིམས་ཀྱིས་བརྟག་ཞིབ་དོ་དམ་བྱེད་ཅིང་། རྒྱལ་ཁབ་ཀྱི་འབྲེལ་ཡོད་སྡེ་ཁག་གིས་ཆོག་མཆན་ཐོབ་པའི་བཟའ་བཅའ་ལ། ད་གཟོད་དམིགས་བསལ་བདེ་ཐང་བཟའ་བཅའ་ཡི་རྟགས་བཀོལ་ཆོག་ཡོད་ཅིང་། ཚོང་ར་རུ་བཙོང་ཆོག

འཛམ་གླིང་འཕྲོད་བསྟེན་རྩ་འཛུགས་ཀྱིས་མཆམས་སྒྲིར་བྱས་པའི་སྔོ་ཚལ་དང་ཞིང་ཏོག་རིགས་ཀྱི་བདེ་ཐང་བཟའ་ཆས།

འཛམ་གླིང་འཕྲོད་བསྟེན་རྩ་འཛུགས་ཀྱིས་མཆམས་སྒྲིར་བྱས་པའི་བདེ་ཐང་བཟའ་ཆས་ལ་རིགས༡༣ཡོད། དེ་དག་རིམ་བཞིན་བཀོད་ན་གཤམ་གསལ་ལྟར། ཞོག་མངར་དང་། འདམ་མྱུག པད་ལོག མེ་ཚལ་ལྗང་ཁུ། ལྷ་ཚལ། རྡོ་ལུ་མ། མངར་ཚལ། ལབ་སེར། ཀྲ་ཁེ་ཁྲ་ཚང་། ཁབ་ཤ སྔོ་ཚལ་ཕིའི་ལན། འབྲུམ་ཚལ། ཚལ་དཀར་ཆེ་བ་བཅས་ཡིན། དེ་ལས་ཞོག་མངར་ལ་ཞི་སྣ་དང་། ཏྲ། ལྕགས། འཚོ་བཅུད་རྫསB6བཅས་འདུས་པས། ནུས་འགྱུར་དང་། འཕར་རྩ་མཁྲེགས་འགྱུར། སྐྲན་ནད་སོགས་སྔོན་འགོག་བྱེད་ཐུབ། དེ་བས་སྔོད་ཚལ་ཁྲིད་ཀྱི་ཨང་དང་པོ་ཡིན།

འཛམ་གླིང་འཕྲོད་བསྟེན་རྩ་འཛུགས་ཀྱིས་མཆམས་སྒྲིར་བྱས་པའི་བདེ་ཐང་ཞིང་ཏོག་ལ་

རིགས་ཁ་ཡོད། དེ་དག་རིམ་བཞིན་བཀོད་ན་གཤམ་གསལ་ལྟར།

སེ་ཡབ་དང་། འབྲི་སེའུ། ཚ་ལུ་མ། བུར་ཤིང་། སྒྲོལ་ཁམ། ཨ་སྒྲོ། ཁམ་བུ། འབྲ་གོ ཚུ་ཀུབ་བཅས་ཡིན། དེ་ལས་སེ་ཡབ་ཀྱི་ནང་དུ་འཚོ་བཅུད་ཟསCའདུས་ཚད་ཚ་ལུ་མ་ལས་མཐོ་བ་དང་། ཟས་འཇུ་ནུས་ལྡན་ལ། བད་ཀན་སྨུག་པོའི་ནད་སོགས་འགོག་ནུས། འབྲི་སེའུ་ལ་ཞིམ་མངར་ལྡན་པའི་ཁུ་བ་ལྡན་པར་མ་ཟད། བདེ་ཐང་ལ་ཕན་པ་ཆེན་པོ་ལྡན་ལ། ལྷག་པར་སྐྱེས་གཟུགས་མཛེས་ལས་བྱེད་རྒྱུར་དགའ་བའི་བུད་མེད་རྣམས་ཀྱིས་མང་པོ་ཟས་ན། ཤ་མདངས་རྒྱས་ལ་སྨུམ་པ་དང་། ཟས་འཇུ་འདོར་བཟང་བ། ཁ་ཧྲང་གཙང་བ། སོ་རྙིལ་དང་མཁྲིན་པ་བཅས་ལ་ཕན་པ་ལྡན་ནོ།།

འཛམ་གླིང་འཕྲོད་བསྟེན་ཚ་འཛུགས་ཀྱིས་མཚམས་སྦྱོར་བྱས་པའི་བདེ་ཐང་བཟའ་ཆས།

ཁ་རིགས། • སྨུམ་རིགས། ཁུ་རིགས། • སྐྱད་ཡན་རིགས།

ཁ་རིགས། ཆེས་བཟང་བའི་བདེ་ཐང་གི་ཤ་རིགས་ནི། ངང་ཤ། བྱ་གག་གི་ཤ། བྱ་དེའི་ཤ་བཅས་ཡིན། ངང་ཤ་དང་བྱ་གག་གི་ཤ་ནི་རྫས་འགྱུར་ཆགས་རིམ་གྱི་རྒྱ་ཨར་གྱི་སྨུམ་དང་འདྲ་ཤས་ཆེ་ལ། སྙིང་ཁམས་ལ་ཕན་པས། བགྲེས་པོ་ཚོས་མང་ཙམ་ཟོས་ན་ལེགས། བྱ་དེའི་ཤ་ནི་སྤྱི་མཐུན་གྱིས "སྤྲི་དཀར་རྫས་ཀྱི་ཆེས་བཟང་བའི་ཡོང་ཁུངས" སུ་ངོས་འཛིན་གྱི་ཡོད། བགྲེས་སོང་དང་བྱིས་པས་མང་ཙམ་བཟའ་དགོས།

སྨུམ་རིགས། ཆེས་བཟང་བའི་བདེ་ཐང་སྨུམ་རིགས་ནི། མ་རྨོས་ལོ་ཏོག་གི་སྨུམ་དང་། མངར་འབྲས་ཀྱི་སྨུམ། ཏིལ་སྨུམ་སོགས་ཡིན། སྐྱེ་དངོས་སྨུམ་དང་སྲོག་ཆགས་སྨུམ་༡：༠.༥ཡི་བསྡུར་ཚད་ལྟར་སྙོམས་སྦྲིག་བྱས་ན་ལྷག་ཏུ་བཟང་།

ཁུ་རིགས། ཆེས་བཟང་བའི་བདེ་

ཐང་ཁུ་རིགས་ནི། བྱ་དེའི་ཤ་ཁུ་ཡིན་ལ། ལྷག་པར་དུ་བྱ་དེ་མོ་ཤ་ཁུ་ཡིན། ཆམས་རིགས་དང་། གློ་ཡུའི་ཡན་ལག་གཉན་ཚད་སོགས་སྔོན་འགོག་ཏུ་ཕན་ལ། དགུན་དཔྱིད་དུས་སུ་ལྷག་ཏུ་བཟང་།

ཀླད་ཕན་རིགས། ཀླད་པ་ལ་ཕན་པའི་བདེ་ཐང་བཟའ་ཆས་ཀྱི་རིགས་ནི། ཚལ་སྔག་དང་། ཀེཙུ། སྒོ་ཀུབ། ཙོང་། མེ་ཚལ། སུར་ཚོད། སྲན་རིལ། ལྤུམ་སྔོང་། ལབ་སེར། ཚོད་སྔོན་ཆུང་བ། སྔོག་སྒུག ལྕ་ཚལ་སོགས་སྔོ་ཚལ་རིགས་དང་། སྤུར་ཀ བ་དམ། དགོད་ཧོག ཡོཙོ་ཀཙོ། ཐང་འབྲུ། ཁམ་སྒེང་། སྲན་ཆེན་སོགས་ཤུན་ལྡན་བཟའ་ཆས་ཀྱི་རིགས་དང་། འབྲས་ཁུ་དང་ཕག་མཆིན་སོགས་ཡོད།

སྤོ་ཚལ་རྩེ་མོ། ཞོག་མངར།

འཛམ་གླིང་འཕྲོད་བསྟེན་ཚ་འཛུགས་ཀྱིས་མཚམས་སྦྱོར་བྱས་དོན། ཞོག་མངར་ནི་སྤོ་ཚོད་རིགས་ཟས་རིགས་ལས་བདེ་ཐང་ཟས་རིགས་རྩེ་མོ་ཡིན། དེས་བདེ་ཐང་དང་། ཞ་རྫུད། གཟུགས་མཛེས། སྨན་འགོག་བཅས་ལ་ཕན་པ་མངོན་གསལ་ལྡན།

ཞོག་མངར་ཁྲོད་དུ་ཁ་ཟས་སུ་རུང་བའི་ཚོ་སྣ་འཐོར་ཆེན་འདུས་རྐྱེན། སྤོ་ཚལ་གྱི་རྩེ་མོར་བརྩི་བའི་རྒྱུ་རྐྱེན་གཙོ་བོ་ཞིག་ཡིན། ཚོ་སྣ་དེ་དག་ནི་རྒྱུ་མའི་ནང་འཇུ་བར་བྱ་མི་ཐུབ་པས།

རྒྱ་མ་ལ་ཕོག་ཐུག་དང་འགྱུལ་སྐྱོད་ལ་ཤུགས་སྣོན་བྱས་ཏེ་དུག་ཕྱིར་ཕུད་པར་བྱེད་ཐུབ་པས། བགྲེས་པོ་དག་གི་རྩ་རྒྱ་འདོར་བར་ཕན་འབྲས་བཟང་པོ་ཡོད།

ཞོག་མངར་ནི་བ་ལྷའི་རང་བཞིན་ཅན་དུ་གཏོགས་པའི་བཟའ་ཆས་ཡིན་རྒྱུན། སྦྱོར་ཚལ་གྱི་རྩེ་མོར་བརྩི་བའི་རྒྱུ་རྐྱེན་གཙོ་བོ་ཞིག་ཡིན། བཟའ་ཆས་མང་པོ་ཞིག་སྐྱུར་གཤིས་ལྡན་ལ། མིའི་ལུས་ཕུང་གིPHཚད་ནི་༧.༣༨ཡིན་ཞིང་། ཞོག་མངར་ལ་མིའི་ལུས་ཕུང་གི་ལྷ་སྐྱུར་སྙོམས་སྒྲིག་བྱེད་པའི་ནུས་པ་ཡོད་ཅིང་། དེར་འཚོ་བཅུད་ཕུན་སུམ་ཚོགས་པ་མ་ཟད། སྨན་ནད་འགོག་པའི་ནུས་ལ་མངོན་གསལ་ཡོད། འོན་ཀྱང་དེའི་སྨན་འགོག་ནུས་རྩལ་ཕུད་བརྗོད་ཆེན་པོ་

བྱེད་མི་རུང་། རྒྱུ་མཚན་ད་སྔ་དེའི་ཕྱོགས་ཡོངས་ནས་རྐྱེན་རྩ་གསལ་པོར་ཤེས་མེད།

ཁྱད་དུ་ནན་བཤད་བྱ་དགོས་པ་ཞིག་ལ། ཞོག་མངར་གྱི་ནང་དུ་སྤྱི་དཀར་རྫས་དང་ཆིལ་རྒྱུ་ཞུང་བས། གཙོ་ཟས་སུ་བྱ་མི་རུང་ལ། སྔོ་ཚལ་དུ་ལ་ངོས་བཟུང་ནས་བཟའ་ཆོག་མོད། འོན་ཀྱང་ཚད་ལས་བརྒལ་མི་རུང་། གལ་སྲིད་ཟོས་དྲགས་ན་ཕོ་བ་སྦོས་པ་''དང་། སེམས་འཚབ་པ། སྐྱུར་བ། ཕོ་བ་ན་བ་སོགས་འབྱུང་སྲིད། ཞོག་མངར་རློན་བཟའ་བྱ་མི་རུང་། རླངས་བཙོས་བྱས་ནས་སྤྱོད་ཆོག་ལ་ཟས་འཇུ་དཀའ་བ་དང་། རླངས་འགྱུར་སླའི་ལ་དྲོད་ཚད་མཐོན་པོས་བཏོར་བཤིག་བཏང་ཡོད་རྐྱེན། ཟོས་རྗེས་ཙུང་མི་བདེ་བའི་སྣང་ཚུལ་འབྱུང་ངེས།

གད་སྙིགས་བཟའ་ཆས་ལ་ད་སྔ་གཅིག་མཐུན་གྱི་མཚན་ཉིད་ཅིག་མེད་ལ། གཙོ་བོ་མགྱོགས་ཟས་སྐོར་ལ་བརྗོད་པ་ཡིན། དཔེ། མཁས་པ་མང་པོ་ཞིག་གི་འདོད་ཚུལ་ལ། ཐ་སྙད་འདིའི་ནང་དོན་དེ་ཕྱི་རྒྱལ་གྱི་མགྱོགས་ཟས་ཁོ་ན་ཞིག་ལ་ངོས་མི་འཛིན་པར་བཤད། མཁས་པ་འགའ་རེས། གད་སྙིགས་བཟའ་ཆས་ནི་དྲོད་ཚད་མཐོ་ལ། འཚོ་བཅུད་རྗས་མེད་པའི་བཟའ་བཅའ་ལ་གོ་བ་ལེན་གྱི་ཡོད། དེའང་དུས་རྒྱུན་བཤད་པའི་དྲོད་ཚད་མཐོ་བ་དང་། ཚིལ་གཤིས་མཐོ་བ། མངར་རྒྱུ་མཐོ་བ་སྟེ “མཐོ་གསུམ་” བཟའ་བཅའ་ལ་ཟེར། འཚོ་བཅུད་ཞེད་མཁས་རྣམས་ཀྱིས། མཐོ་བ་གསུམ་ཅན་གྱི་བཟའ་ཟས་ལ་སྦྱོར་བཏང་གནོད་ཆེན་མེད་མོད་པས།

གད་སྙིགས་བཟའ་ཆས།

ལས་སླ་མོའི་སྒོ་ནས་གད་སྙིགས་བཟའ་ཆས་སུ་བརྩི་མི་རུང་ཞེས་པ་ར་ཡོད།

ནམ་རྒྱུན་འཚོ་བའི་ཁྲོད་དྲོད་ཚད་མཐོ་བ་དང་། ཚིལ་གཞིས་མཐོ་བ། མངར་རྒྱུ་མཐོ་བ། འཚོ་བཅུད་རྫས་ཆེག་རྐྱང་ཡིན་པའི་དབང་གིས། ཤ་རྒྱགས་པ་དང་། མངར་གཅིན་གྱི་ནད་ཐོག་པ། སྙིང་ཁམས་ཁྲག་རྩའི་མ་ལག་སོགས་ཀྱི་ནད་འབྱུང་དུ་འཇུག་ཅིང་། སྐྲན་ནད་དང་དུག་འདུས་དངོས་རྫས་རིགས་ཀྱི་བཟའ་བཅའ་ལ་གད་སྙིགས་བཟའ་ཆས་ ཞེས་བཏགས་ཡོད།

འཛམ་གླིང་འཕྲོད་བསྟེན་ཚུ་འཛུགས་ཀྱིས་སྤྱི་བསྒྲགས་བྱས་པའི་སྨན་ནད་གྲུབ་ཆ་དང་དུག་ལྡན་དངོས་པོ་ཡི་གད་སྙིགས་བཟའ་བཅའ།

སྐམ་སྲེག་གི་རིགས་དང་། ཟས་རིགས་བསྲེགས་མའི་བཟའ་བཅའི་ནང་དུ་སྐྲན་ནད་འབྱུང་སྲིད་པའི་དངོས་རྫས་འབོར་ཆེན་འདུས་ཤིང་། མིའི་ལུས་ཕུང་ལ་གནོད་པ་ཚབས་ཆེན་གཏོང་ངེས་པས། གད་སྙིགས་བཟའ་ཆས་འབྲུལ་མེད་དུ་ངོས་འཛིན་བྱེད་ཚོག

སྐམ་སྲེག་རིགས་ཀྱི་གད་སྙིགས་བཟའ་ཆས་ལ། སྐམ་ལྡུག་དང་། བསྲིམས་གོར། ཞོག་ལྡུག བྱ་ཤ་དང་ཕག་རྗེབ་བསྲེགས་མ་སོགས་ཡིན། དེ་དག་གི་གནོད་པ་ནི།

（༡）སྙིང་ཁམས་ཁྲག་རྩའི་ནད་འབྱུང་།（སྐམ་སྲེག་སིང་ཕྱེ）（༢）སྐྲན་ནད་འབྱུང་བའི་དངོས་རྫས་འདུས་ཡོད།

（༣）འཚོ་བཅུད་རྒྱུ་ཆ་བཏོར་བཤིག་བཏ

ང་བས། སྒྲི་དཀར་རྫས་ཀྱི་རང་བཞིན་འགྱུར་བར་བྱེད་སྲིད།

ཁྲིག་ཟས་རིགས་ཀྱི་གད་སྙིགས་བཟའ་ཆས། ཤ་རྒྱུན་སྲེག ཁྱ་ཤ་སྲེག་མ། སྐམ་ཤ་རྡིབ་སྲེག་སོགས་ཡིན། དེ་དག་གི་གནོད་པ་ནི།

(༡) བཟའ་བཅའ་བསྲེགས་མས་བདེ་ཐང་ལ་གནོད་པ་ཡོད། རྒྱུ་མཚན་ནི་ཤ་རིགས་ཐད་ཀར་དྲོད་ཚད་མཐོན་པོའི་འོག་བཙན་སྲེག་བྱས་པས། ཕྱིར་འབྱིན་པའི་ཚིལ་ཁུ་དེ་སོལ་མེ་ཐོག་ཏུ་འཛར་བ་དང་། དེ་ཡང་བསྐྱར་ཤ་ནང་གི་སྒྲི་དཀར་རྫས་དང་འདྲེས་པས། སྐྲན་ནད་སློང་བའི་དངོས་རྫས་སུ་འགྱུར་ངེས།

(༢) སྒྲི་དཀར་རྫས་ཐྲུན་འགྱུར་གྱི་རང་བཞིན་འགྱུར་བར་ བྱེད་སྲིད། (མཁལ་མ་དང་མཆིན་ པའི་ཐེག་ཚད་ཇེ་ལྗིར་གཏོང་ངེས)

འཛམ་གླིང་འཕྲོད་བསྟེན་རྩ་འཛུགས་ཀྱིས་སྤྱི་བསྒྲགས་བྱས་པའི་ "མཐོ་གསུམ" གད་སྙིགས་བཟའ་བཅའ།

དེའང་དུས་རྒྱུན་བཤད་པའི་དྲོད་ཚད་མཐོ་བ་དང་། ཚིལ་གཉིས་མཐོ་བ། མངར་རྒྱུ་མཐོ་བ་སྟེ "མཐོ་གསུམ" གད་སྙིགས་བཟའ་བཅའ་ལ་ཟེར། དཔེར་ན། འོ་སྐྱམ་སྤྲི་གོར་དང་མངར་གོར་གསར་བར་ཆ་བཞག་ན། དེ་དག་གི་ཁྲོད་དུ་མིའི་ལུས་ཕུང་ལ་གནོད་པ་ཆེ་བའི་རྫས་འགྱུར་གྱི་གྲུབ་ཆ་བསྲེས་མེད་ཀྱང་། མིའི་བཟའ་བཏུང་གི་ཆོས་ཉིད་དང་མ་བསྟུན་པ་དང་། ཟ་མར་ཕྱུགས་ཞེན་གྱིས་ཚིལ་གཉིས་མཐོ་བ་དང་། མངར་རྒྱུ་མཐོ་བའི་བཟའ་བཅའ་མང་པོ་ཟོས་པའི་དབང་གིས་འཚོ་བཅུད་གྲུབ་ཆ་གཞན་དག་མི་འདང་བའི་སྐབས། གཞི་ནས་འདི་དག་གད་སྙིགས་བཟའ་ཆས་སུ་བརྩི་ཆོག

གལ་སྲིད་བཟའ་བཏུང་ཚད་ཆ་

སྙོམས་པ་དང་། པེད་སྤྱོད་བྱེད་པ་ཚད་དང་མཐུན་ན། འདང་ངེས་ཀྱི་སྤྲི་དཀར་རྫས་དང་། འཚོ་བཅུད་རྫས། གཉེར་རྫས་སོགས་འཚོ་བཅུད་རྒྱུ་ཆ་གཞན་དག་མཁོ་སྤྲོད་བྱས་པས། ཚོལ་གྱིས་བཟའ་བཅའི་ཆོས་ཉིད་ཁྲིད་ཚན་རིག་དང་མཐུན་པ་དང་། ཚད་མཐུན་ལུགས་མཐུན་གྱི་གྲུབ་ཆ་ལྡན། སྐབས་འདིར་ལས་སླ་མོའི་སྒོ་ནས "མཐོ་གསུམ" གད་སྙིགས་བཟའ་ཆས་སུ་བརྗེ་མི་ཆོག

འོ་སྣུམ་སྤྲི་གོར་དང་མངར་ལྡན་འབྲུགས་ཟས་རིགས་ཀྱི་བཟའ་ཆས（འབྲུགས་ཞོ་དང་）འབྲུགས་ཐུར）འབྲུགས་ལྡན་མངར་གོར་གྱི་རིགས）ནི་གད་སྙིགས་བཟའ་ཆས་ཀྱི་ཚབ་བྱེད་ཡིན། དེ་དག་གི་གནོད་པ་ནི།

（༡）འོ་སྣུམ་གྱི་ཤ་རྒྱགས་པར་བྱེད་སྲ།

（༢）མངར་ཚད་ཚད་ལས་བརྒལ་བས། རྒྱུན་ཟས་ལ་གནོད་པ་སྐྱེལ་ངེས། འབྲུགས་ལྡན་མངར་གོར་ཁྲིད་ཀྱི་འོ་སྣུམ་གྱིས་ཤ་རྒྱགས་སྲ།

འཛམ་གླིང་འཕྲོད་བསྟེན་ཚ་འཛུགས་ཀྱིས་གྲོ་བསྒྲགས་བྱས་པའི་ “འཚོ་བཅུད་ཆེག་རྒྱུང་སྐོར” ཀྱི་གད་སྙིགས་བཟའ་བཅའ།

འཚོ་བཅུད་ཆེག་རྒྱུང་ཡིན་ལ། རྡོད་ཚད་མཐོ་བའི་ཆེས་བཟའ་ཆས་དེ། ཟས་ཀྱི་ཕྱུགས་ཞེན་ལ་བརྟེན་ནས་མང་པོ་ཟོས་པས་འཚོ་བཅུད་མི་འདང་བར་བྱེད་པ་དེ་ཡིན།

ཟིལ་སྦྲང་སྐམ་གོར་རིགས་ཀྱི་བཟའ་ཆས། （འདིའི་ནང་དུ་རྡོད་ཚད་དམའ་མོས་བསྲེགས་པ་དང་གྲོ་གོར་རིགས་མི་འདུས）

གད་སྙིགས་བཟའ་ཆས་འདིའི་རིགས་ཀྱི་ནང་དུ། མངར་ཚད་མཐོ་བའི་མངར་ཇའི་སྐམ་གོར་དང་། ཟིལ་སྦྲང་། སྦྲང་གོར་སོགས་ཡོད། འདི་དག་གིས་གནོད་པ་ནི།

（༡）མངར་བཅུད་དང་ཚོན་རྫས་མང་པོ་བཟའ་སྲིད།

（མཆིན་པའི་ནུས་པར་ཐེག་ཚད་རྡེ་ལྷིར་གཏོང་ངེས）

（༢）འཚོ་བཅུད་རྫས་ལ་བཏོར་བཤིག་ཚབས་ཆེན་གཏོང་སྲིད།

（༣）ཚོད་ཚད་མཐོ་ཞིང་། འཚོ་བཅུད་གྲུབ་ཆ་ཉུང་བ།

ཐང་ས་ཚ་བཏུང་ཚུའི་རིགས་ཀྱི་བཟའ་ཆས། འདི་དག་གི་གནོད་པ་ནི།

（༡）ལིན་སྐྱུར་དང་ཐན་སྐྱུར་འདུས་པས། ལུས་ཕུང་ནང་གི་ཀྭའི་རྫས་མང་པོ་འཕྲོག་ངེས།

（༢）བཏུང་རྗེས་ཕོ་བ་སྦོ་བས། རྒྱུན་ཟས་ལ་གནོད་པ་སྐྱེལ།

སྣུམ་བདེ་རིགས་ཀྱི་བཟའ་ཆས།

གཙོ་བོ་མགྱོགས་ཟས་ཀྱི་རིགས་ཏེ། སྣུམ་བདེའི་ཕྱུག་པ་དང་། སྣུམ་བདེ་སིལ་ཟས་སོགས་ཡིན། འདི་དག་གི་གནོད་པ་ནི།

（༡）ཚྭའི་གྲུབ་ཆ་མཐོ་བ་དང་། དེའི་ནང་དུ་རྡུལ་འགོག་རྫས་དང་། མངར་བཅུད་འདུས། （མཆིན་པར་གནོད）

（༢）ཚོད་ཚད་མཐོ་བ་ལས། འཚོ་བཅུད་གཞན་དག་མི་འདང་།

བྱིས་པར "གད་སྙིགས་བཟའ་ཆས" ལ་དགའ་གཅོད་པའི་རམ་འདེགས་ཀྱི་ཐབས་རྩལ་ཐབས་ཇུས། (གཅིག)

ཚོང་རའི་ནང་དུ་ཁྲ་ཁྲ་རིག་རིག་གི་གད་སྙིགས་བཟའ་ཆས་མང་པོ་ཡོད་པ་དེ་དག་ནི། བྱིས་པའི་འཚར་ལོངས་ཁྲོད་ཀྱི་མཛའ་ཞིང་གཙུགས་པའི་གྲོགས་པོར་གྱུར་ཡོད། འོན་ཀྱང་། རང་ཉིད་ཀྱི་གཅེས་ཕྲུག་ལ་ཤ་ཚ་བའི་ཕ་མ་དག་གིས་ཁོ་ཚོའི་སེམས་ཕྱོགས་ལྟར་བཟའ་ཆས་འདི་དག་ཚད་མེད་པར་ལོངས་སུ་སྤྱད་ནས་སྡོ་བ་བགྲང་ཐབས་བྲལ་མི་རུང་། བྱིས་པའི་བདེ་ཐང་གི་ཆེད་དུ། ཐབས་བརྒྱ་ཇུས་སྟོང་གིས་བྱིས་པས་གད་སྙིགས་བཟའ་ཆས་འདོར་བར་རོགས་སྐྱོར་བྱེད་དགོས།

གནས་ལུགས་རྗོགས་པའི་ཐབས་རྩལ།

བྱིས་པར་གད་སྙིགས་བཟའ་ཆས་ཀྱི་གནོད་འཚེའི་རྒྱུན་ཤེས་བཤད་དགོས་པ་དང་། བྱིས་པས་མགྱོགས་མྱུར་ངང་དང་ལེན་བྱེད་དཀའ་མོད། འོན་

ཀྱང་བསྐྱར་ཟློས་ཀྱིས་ཡང་ཡང་བརྗོད་ན། ཁོ་ཚོས་ཟ་བར་འདོད་དུས་ཕེ་ཚོམ་སྐྱེ་ངེས། འདི་ནི་རྒྱུན་རིང་གི་ལས་ཀ་ཞིག་ཡིན། བྱིས་པར་རང་དབྱོད་ནུས་པ་དང་རང་བཙུན་ནུས་པ་ཡོད་དུས། རིམ་གྱིས་ཁྱིམ་བདག་གི་ཁ་བཟས་ཤུགས་རྐྱེན་ཕེབས་ནས་རྗེས་སྤྱོགས་ཀྱི་བཟའ་ཆས་གདམས་ཀ་ལ་ཤུགས་རྐྱེན་ཕེབས་སྲིད།

ཚབ་བྱེད་དངོས་རྫས་ཀྱི་ཐབས་རྩལ།

གང་ནུས་ཀྱིས་བྱིས་པར་སིལ་ཏོག་དང་། སྤོ་ཚལ། གཞན་པའི་འཚོ་བཅུད་རྫས་ཕུན་སུམ་ཚོགས་པ་དང་གཉེར་རྫས་ཀྱི་རིགས་བཟའ་རུ་ བཙུག་སྟེ། བྱིས་པའི་ལྟོ་བ་ཆུང་ཆུང་དེ་གང་བར་བྱེད་དགོས། དེ་ལྟར་བྱེད་ཚེ་བཟའ་ཆས་གཞན་དག་བཟའ་བའི་འདོད་ཞེན་ཡོད་མི་སྲིད།

སྙོད་ཆུང་ཅན་ཉོ་བའི་ཐབས་རྩལ།

གང་ནུས་ཀྱིས་སྙོད་ཆུང་ཅན་གྱི་གད་སྙིགས་བཟའ་ཆས་ཉོ་དགོས། དེའི་དམིགས་ཡུལ་ནི་བྱིས་པར་བཟའ་བཅའི་བྲོ་བ་སྨྱོང་དུ་འཇུག་དགོས་ཤིང་། བྱིས་པའི་མཚར་སྣང་ཚིམ་པར་བྱེད་པ་ལས། ཟ་མ་ལྟར་མང་པོ་བཟའ་མི་རུང་།

བྱིས་པར“གད་སྙིགས་བཟའ་ཆས”དགའ་བ་གཅོད་པའི་རམ་འདེགས་ཐབས་རྒྱལ་ཐབས་རྟུས།（གཉིས）

མིག་ཁྲིད་པའི་ཐབས་རྒྱལ།

བྱིས་པས་ཕྱོགས་གཅིག་ནས་གད་སྙིགས་བཟའ་ཆས་ཟ་བ་དང་ཕྱོགས་གཅིག་ནས་ཞུན་སྐྱོགས་རྩེད་ཆས་བྱེད་དུས། ཁྱིམ་མིས་ཀྱང་རང་ཉིད་དེར་མཚར་བའི་ཚུལ་གྱིས། ཐབས་ཤེས་ཡོད་པའི་སྒོ་ནས་བྱིས་པའི་མིག་ཁྲིད་དེ་དངོས་པོ་གཞན་པའི་ལ་བལྟ་རུ་འཇུག་དགོས།

གཡོལ་བའི་ཐབས་རྒྱལ།

བྱིས་པ་གཉིད་ལོག་པའི་སྐབས་སམ་ཡང་ན་ཨ་ནེ་དང་མཉམ་དུ་རྩེད་འཇོར་རོལ་བའི་སྐབས། ཁྲོམ་ལ་སོང་ནས་བཟའ་ཆས་ཉོ་དགོས། དེས་གད་སྙིགས་བཟའ་ཆས་ཀྱི་འདོད་མོས་གཡོལ་ངེས། དེ་དང་ལྷན་དུ། བྱིས་པ་དུས་རྒྱུན་བཟའ་རྒྱུར་དགའ་བའི་གད་སྙིགས་བཟའ་ཆས་ཁྱིམ་དུ་ཉར་ཚགས་

བྱེད་མི་རུང་།

ཟོས་རྗེས་སུ་ཞོར་ཟས་ཟ་བའི་ཐབས་རྩལ།

བྱིས་པར་བཙན་ཤེད་ཀྱིས་ཕྱི་རྒྱལ་གྱི་མགྱོགས་ཟས་ཟ་ཁང་དུ་འགྲོ་བ་བཀག་འགོག་བྱེད་མི་རུང་། བློ་རིག་རྗོ་བའི་བྱིས་པས་བཀག་འགོག་བྱས་པའི་བྱ་བར་ལྷག་ཏུ་མཚར་སྣང་སྐྱེ་སྲིད་ལ། དེ་ལ་འགྲོ་རྒྱུའི་འདུན་པ་དྲག་ཏུ་སྐྱེ་ངེས། དེ་བས། གུང་ཟས་ཟས་རྗེས་བྱིས་པ་ཁྲིད་དེ་འཆམ་འཆམ་འགྲོ་བའི་ཞོར་ལ་མགྱོགས་ཟས་ཟ་ཁང་དུ་འགྲོ་བ་དང་། བྱིས་པས་ཟ་མ་ཟོས་མ་ཐག་ཡིན་པས་མང་པོ་ཞིག་བཟའ་མི་ཐུབ། དེར་སིལ་ཁུ་ ཆུང་བ་དང་། ཞོག་ལྷུག་ཆུང་བ་ཞིག་གིས་འདང་ངེས། དེ་ལྟར་བྱིས་པའི་སེམས་སུ་མགྱོགས་ཟས་འདི་དག་ནི་ཟས་ཟོས་རྗེས་ཀྱི་ཞོར་ཟས་ཤིག་ཡིན་པའི་བག་ཆགས་དང་གོམས་གཤིས་ཡོབས་སུ་འཇུག་དགོས།

ཁྱིམ་པར"གདུ་སྙིགས་བཟའ་ཆས"དཀའ་བ་གཙོད་པའི་རམ་འདེགས་ཐབས་རྩལ་ཐབས་ཏྱས། (གསུམ)

ཐེངས་གཅིག་གིས་ཚོག་པའི་ཐབས་རྩལ།

ཟླ་རེར་ཐེངས་གཅིག་གམ་གཉིས་ལ། ཁྱིམ་བདག་གིས་ཁྱིས་པ་ཁྲིད་ནས་ཕྱི་རྒྱལ་གྱི་མགྱོགས་ཟས་ཟ་ཁང་དུ་འགྲོ་དགོས་པ་དང་། ཁྱིས་པས་གང་འདོད་ལྟར་ཡིད་ཚིམ་པ་ཞིག་བཟའ་རུ་འཇུག་དགོས། དེ་དང་ལྷན་དུ་སིལ་ཧྥོག་དང་འཚོ་བཅུད་རྫས་འདུས་པའི་བཟའ་ཆས་ཀྱང་གང་འཚམ་གྱིས་ཁ་གསབ་བྱེད་དགོས།

སོ་ཚོད་ཁྲུ་བ་ལྷུད་པའི་ཐབས་རྩལ།

ཁྲིས་པའི་སེམས་སུ་འཛིག་རྟེན་ཐོག་རྟེམ་བག་དང་། ཞོག་ལྷུག ཁུ་ནག་ལས་ཕུད་གཞན་ད་དུང་བཟའ་ཆས་བཟང་པོ་ཡོད་པ་ཤེས་སུ་འཇུག་དགོས། གལ་སྲིད་ཁྲིས་པས་སྒོ་ཚལ་ཟ་བ་ཉུང་བའི་སེམས་འཁུར་ཡོད་ཚེ། མགྱོགས་ཟས་ཁང་ནས་ཕྱིར་ལོག་པའི་ལམ་བར་དུ་སྒོ་ཚལ་ཉུང་ཤོས་ཤིག་ཉོས་ནས། ཁྲིམ་ནས་སྒོ་ཚལ་ཁུ་བ་ཞིག་བཟོས་ནས་རང་ཉིད་ཀྱིས་ཁྲིས་པར་འཕྱུང་རོགས་བྱས་ཏེ་ལྷུད་དགོས།

མིག་རྒྱ་འབྱེད་པའི་ཐབས་རྩལ།

ཁྲིམ་བདག་རང་ཉིད་ཀྱིས་ཆེས་སླ་བར་བཟོ་ཐུབ་པ་ནི་སིལ་ཏོག་ཧྲ་ལྷ་རེད། ཁ་དོག་འདྲ་མིན་གྱི་སིལ་ཏོག་རིགས་སྣ་ཚོགས་དང་སྒོ་ཚལ་མཉམ་དུ་བསྲེས་ཤིང་། དེའི་སྟེང་དུ་སྲི་འདག་ཉུང་ཤས་བླུགས་ན། ཁ་དོག་རྣམ་པར་བཀྲ་བའི་ཟས་ཞིམ་པོ་ཞིག་ཏུ་འགྱུར། དེ་ཟོས་ན་ཞིམ་ལ་མངར་བ་དང་། འཛམ་བསིལ་ལྡན་པས། ཁྲིས་པས་མཐོང་མ་ཐག་ཡིད་དབང་འཕྲོག་པ་དང་། མགྱོགས་ཟས་དེ་དག་སྣང་མེད་དུ་བརྗེད་འགྲོ་ངེས་ཡིན།

ཁྱིམ་ཟས་སྡེབ་སྒྲིག་གི་རྩ་དོན།

ཁྱིམ་ཟས་སྡེབ་སྒྲིག་གི་སྤྱིའི་རྩ་དོན་ནི། འཚོ་བཅུད་སྙོམས་པའི་སྟོན་འགྲོའི་ཆ་རྐྱེན་འོག མིའི་ལུས་ཕུང་གི་སྐྱེ་ཁམས་དགོས་མཁོ་འདང་དགོས་པ་དང་། གཙོ་ཟས་དང་ཕལ་ཟས་འོས་འཚམ་གྱིས་སྡེབ་སྒྲིག་བྱེད་པ། བཟའ་བཏུང་གི་འཚོ་བཅུད་ཆེན་པོ་བརྒྱད་བཀོད་སྒྲིག་ལེགས་པོ་བྱེད་པ་དེ་ཡིན། ཀྲུང་གོའི་མི་རེའི་ཉིན་རེའི་འཚོ་བཅུད་རྫས་ཀྱི་དགོས་མཁོའི་ཚད་གཞིར་བསླེབས་དགོས། དེ་ནི་རྟོག་པ་གཅིག་དང་། མང་བ་གསུམ། རྒྱུན་ལྡན་དྲུག ཉུང་བ་གསུམ་བཅས་ཡིན།

རྟོག་པ་གཅིག

བཟའ་རྒྱུ་རྟོག་པ་ཞེས་པ་ལ། འབྲུ་སྣ་དང་ཤ་རྫེད། འོ་མ།

བྱ་སྒོང་། སྟོ་ཚལ། ཤིལ་ཏོག་སོགས་ཚང་མ་འོས་འཚམ་རེ་ཟོས་ན། དཔོད་མིའི་ལུས་ཁུང་ལ་མཁོ་བའི་འཚོ་བཅུད་སྣ་ཚོགས་དེ་འདང་ངེས་རེད།

མང་བ་གསུམ།

སྟོ་ཚལ་དང་། ཤིལ་ཏོག ཞོག་རིགས་མང་དུ་བཟའ་བའོ།

རྒྱུན་ལྡན་དྲུག

དུས་རྒྱུན་དུ་འོ་རིགས་དང་། སྲན་རིགས། ཉ་ཤ བྱ་ཤ སྒོང་། ཤ་རྗེད་སོགས་བཟའ་བའོ།

ཉུང་བ་གསུམ།

ཤ་ཚོན་པོ་དང་། སྣུམ་ཅན། ཚྭ་རིགས་བཅས་ཉུང་དུ་བཟའ་བའོ།

ཉིན་གཅིག་གི་ཟས་ཐུན་གསུམ་གྱི་གསོལ་ཟས།

ཟས་ཐུན་གསུམ་གྱི་ཁག་དབྱེ་བ་འོས་འཚམ་ཡིན་དགོས། སྤྱིར་བཏང་དུ། ནངས་གུང་མཚན་གསུམ་གྱི་ཟས་ཀྱི་ནུས་ཚད་ཀྱིས་སྤྱིའི་ནུས་ཚད་ཀྱི25%ནས30%བར་ཟིན་དགོས། གུང་ཟས40%དང་།

དགོང་ཟས་30%ནས35%བར་འཛིན་དགོས་པ་ཡིན། དགོས་ངེས་ཀྱི་དུས་སུ་ཕྱི་དྲོ་ཆུ་ཚོད་གསུམ་ཡས་མས་ལ་ཟ་ཐུན་གཅིག་འོས་འཚམ་གྱིས་བསྣན་ཆོག

ནངས་ཟས་བཟའ་བ་ལ་སྣང་ཆུང་གཏན་ནས་བྱེད་མི་རུང་། དེ་ལ་འབྲུའི་རིགས་དང་།（ཀླངས་གོར）（སོབ་ གོར）མངར་གོར་ཆུང་བ）ཤ་དང་སྒོང་འི་རིགས།（བྱ་སྒོང་གཅིག་གམ་ཡང་ན་ཤ་དང་རྒྱ་མ་བཙོས་མ་ཉུང་ཤསའོ་མ་ཇ་ཕོར་གང་།（ཐལ་ཆེར་ཧྲོ་རྫིན250 ཙམ）སིལ་ཏོག་དང་སྔོ་ཚོད་རིགས（སྔོ་ཚལ་ཆུང་བ་དང་）（སྤྲངས་ཚལ） སིལ་ཁུའི་རིགས）བཅས་བཟའ་བཏུང་བྱེད་དགོས།

གུང་ཟས་ནི་ཉིན་གཅིག་གི་རྒྱུན་ཟས་ཚད་ཐིག་ཅིག་ཡིན་ལ། དུས་ཚོད་འདིའི་སྐབས། མི་རྣམས་ཀྱིས་བྱ་བ་དང་། སློབ་

སྐྱུང་སོགས་བྱ་འགུལ་གང་མང་སྤེལ་སྲིད་པས། དེ་དང་དགོང་ཟས་བར་ཆུ་ཚོད༥ནས༦ལྷག་དང་ཡང་ན་དེ་ལས་ཀྱང་རིང་བས། དེ་བས་འདང་ངེས་ཀྱི་འབྲུའི་རིགས་དང་། ཤ་རིགས། སྔོ་ཚལ་སོགས་ནུས་ཚད་དང་འཚོ་བཅུད་ཛས་སྙེབ་སྦྲིག་འོས་འཚམ་བྱེད་དགོས། དེ་ལ་གཙོ་ཟས (འབྲུའི་རིགས) འབྲུ་སྣ་འོས་འཚམ་གྱིས་སྙེབ་སྦྲིག་བྱེད་དགོས། ཤ་རིགས (ཉ་ཤ བྱ་ཤ ཟོག་ཤ སྒོང་ང་) དང་། སྔོ་ཚལ་རིགས་ལ (ཁ་དོག་དམར་པོ་དང་) (སེར་པོ) (ལྗང་ཁུ་སོགས་བསྲེས་སྦྱོར་བྱེད་དགོས) གཞན་སྲན་ཐུད་དང་སྲན་ཁུ་སོགས་ཀྱང་སྤྱད་ཆོག

དགོང་ཟས་ལ་བཟའ་རྒྱུ་མང་ན་མི་འགྲིག རྒྱུ་མཚན་ནི་དགོང་ཟས་རྗེས་སུ་འགུལ་སྐྱོད་ཉུང་བས། བཟའ་རྒྱུ་མང་ན་ཤ་རྒྱགས་པ་དང་། གཉིད་ཁུག་པ་ལ་གནོད་པ་ཐེབས་སྲིད། དགོང་ཟས་ལ་དཀར་ཟས་རིགས་ཉུང་འགྲིག ཤ་ཆོན་དང་ཚིལ་རིགས་ཉུང་དུ་བཟའ་དགོས་ཤིང་། སྔོ་ཚོད་དང་སིལ་ཏོག་རིགས་མང་དུ་བཟའ་བ་དང་། འབྲུའི་རིགས། སྲན་རིགས། ཤ་རིགས་འོས་འཚམ་རེ་སྤྱད་ཆོག

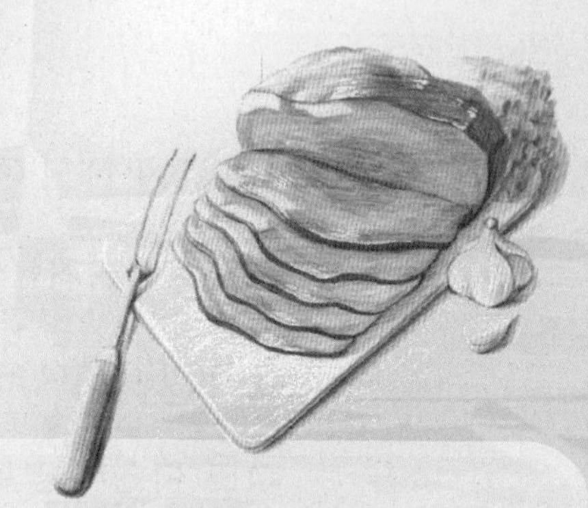

ཁ་མང་སྐྱུམ་ཆེ་ཉི་ཟས་བཟང་པོར་འདོད་པ།

མི་མི་ཉུང་བ་ཞིག་གི་བསམ་པར། ཤ་ཚོ་ལ་སྐྱུམ་པ་དང་། དྲི་མངར་ལ་བྲོ་བཅུད་ལྡན་ཆེ། ཟས་བཟང་པོར་འདོད་ཀྱི་ཡོད། ཚིལ་དང་སྐྱུམ་གྱི་རིགས་དང་། མངར་རིགས་སོགས་དྲོད་ཚད་མཐོ་བའི་ཟས་རིགས་མང་པོ་ཟོས་པར་བརྟེན། དཔལ་འབྱོར་ཆ་རྐྱེན་ཅུང་བཟང་བའི་མིའི་ནང་དུ་ཤ་རྒྱགས་པའི་ནད་དང་། མངར་གཅིན་ནད། ཁྲག་ཤེད་མཐོ་བའི་ནད་སོགས་བྱུང་མཁན་ཇེ་མང་དུ་གྱུར་ཡོད།

ནོར་འཁྲུལ་གྱི་བཟའ་བཏུང་སྲོལ་ཐབས། (གཅིག)

སྐྱེ་དངོས་སྣུམ་ནི་ལྷད་མེད་ཡིན་པས། དེ་ཟོས་ན་སྐྱོན་ཅི་ཡང་མེད་པར་འདོད།

མིག་སྔར། ཁྱིམ་ཚང་མང་པོ་ཞིག་གིས་སྐྱེ་དངོས་ཀྱི་སྣུམ་ཉོ་བ་དང་། བཟའ་མི་གསུམ་ལས་མེད་པའི་ཁྱིམ་ཚང་གིས་ཀྱང་སྟོང་ཁེ5ཅན་གྱི་སྣེབ་སྤྱོར་སྣུམ་ཉོ་བ་ནི་དུས་རྒྱུན་དུ་མཐོང་རྒྱུ་ཡོད། ཁྱད་པར་དུ་སྔོ་ཚལ་གཡོས་སྤྱོར་སྐབས་སུ། ཚོད་མའི་བྲོ་བ་འཕེལ་བའི་ཕྱིར། སྐྱེ་དངོས་སྣུམ་མང་པོ་སྤྱོད་ཀྱི་ཡོད། མི་རྣམས་ཀྱིས་ཤ་ཆེན་པོ་དང་ཚིལ་རིགས་ཟ་བར་འཛེམ་མོད། འོན་ཀྱང་སྐྱེ་དངོས་རང་བཞིན་གྱི་སྣུམ་མང་པོ་ཟ་བར་མཉམ་དེ་འདྲ་འཛོག་གི་མེད། ང་ཚོས་ཤེས་དགོས་པ་ཞིག་ལ། སྐྱེ་དངོས་སྣུམ་ཡང་ཚིལ་རིགས་ཡིན་པས། ཟ་རྒྱུ་མང་དྲག་དེ་བཞིན་དུ་ཤ་རྒྱགས་པའི་ནད་སོགས་འབྱུང་ངེས།

ཀླུམ་དང་ཤ་མང་པོས་ཚོད་མ་བཟོ་སྐབས། སྔོ་ཚོད་མང་པོ་ཟོས་ན་སྐྱོན་མེད་པར་འདོད།

སོ་ཚལ་རིགས་བཙོ་བའི་སྐབས་སུ། ཚ་རྒྱུ་མང་པོ་དོར་བ་དང་། ཚོལ་རིགས་མང་པོ་ཕྲ་ཕྲུང་དུ་ཐིམ་པས། བཙོས་ཚོད་མང་པོ་ཟོས་ཆོ། དེ་དང་ལྷན་དུ་ཚོལ་མང་པོའང་ཟ་ངེས་ཡིན་པས། ཟས་ཆ་སྙོམས་པར་ཟ་བ་དེ་ཧ་ཅང་གལ་ཆེ་བ་ཡིན།

ནོར་འཁྲུལ་གྱི་བཟའ་བཏུང་རོལ་ཐབས། (གཉིས)

གཙོ་ཟས་ལ་ཚོད་འཛིན་བྱེད་འགོག་པ་ལས། སྤྱིའི་དྲོད་ ཚད་ལ་ཚོད་འཛིན་མི་བྱེད་པ།

མི་མང་པོ་ཞིག་གི་བསམ་པར། ཟ་ཐུན་རེའི་ཟ་ཚད་དང་གཙོ་ཟས་ལ་ལྷག་ཏུ་མཉམ་འཇོག་པ་ལས། ཟས་ཐུན་རེ་ཡི་ཟས་ཀྱི་སྤྱིའི་དྲོད་ཚད་ལ་དེ་འདྲའི་དོ་སྣང་བྱེད་ཀྱི་མེད། ཡང་དག་པའི་ཐབས་ཤེས་ནི། ཉིན་གཅིག་གི་ཟས་ཀྱི་སྤྱིའི་དྲོད་ཚད་ཆ་སྙོམས་བྱེད་པ་དེ་གཙོ་བོ་ཡིན། གལ་སྲིད་གཙོ་ཟས་ཀྱི་ཚད་ཉུང་ན། ལུས་ཀྱི་ སྐྱེ་ལྡན་ཕུང་པོ་འཕོར་ནས་སྲི་དཀར་རྫས་དང་། ཚིལ་ལ་དྲོད་བསྐྱེད་ཅིང་། ལུས་ཕུང་མི་བདེ་བའི་རྐྱེན་འབྱུང་སྲིད། གཙོ་ཟས་ལ་ཚད་བཟུང་ནས། སྤྱིའི་དྲོད་ཚད་ལ་ཚོད་འཛིན་མ་བྱས་ཚེ། ཤ་རིགས་དང་སྣུམ་རིགས་མང་པོ་ཟོས་པ་དང་བསྟུན། སྤྱིའི་དྲོད་ཚད་མཐོ་རུ་འགྲོ་ངེས་ཡིན། དྲོད་ཚད་མཐོ་ཚེ། སེམས་ནད་དང་། ཁྲག་ཤེད་མཐོ་བ། ཁྲག་ཚིལ་མཐོ་བ། མངར་གཅིན་ནད་

སོགས་འབྱུང་བར་བྱེད་པའི་རྒྱུ་གཙོ་བོ་ཡིན།

དཀར་ཟས་ལས་དམར་ཟས་མི་ཟ་བ།

མི་རེ་འགས་དཀར་ཟས་ལས་དམར་ཟས་མི་སྤྱོད་པའི་ལྟ་བ་འཛིན་པ་ནི་གོམས་གཤིས་ལེགས་པོ་ཞིག་མིན། དེ་ནི་ཚན་རིག་དང་མཐུན་པའི་བཟའ་ཆས་སྤྱི་སྒྲོམས་ཚ་དོན་དང་རྒྱབ་འགལ་དུ་གྱུར་པ་ཞིག་རེད། སྲོག་ཆགས་སྐམ་འགའ་ཤས་ལ་སྐྱེ་དངོས་ཀྱི་སྐམ་གྱིས་ཚབ་བྱེད་མི་ནུས། སྲོག་ཆགས་ཀྱི་སྐམ་འགའ་རེའི་ནང་དུ་སྤྲི་དཀར་རྫས་ཀྱི་འདུས་ཚད་མཐོ་བ་དང་། འཚོ་བཅུད་རྫས་དེ་དག་མིའི་ལུས་ཕུང་གིས་སྤུད་ལེན་བྱེད་སླ་བ་དང་། འཚོ་བཅུད་རྫས་མང་པོ་ཞིག་གི་འབྱུང་ཁུངས་ཀྱང་ཡིན་ཏེ། དཔེར་ན། འཚོ་བཅུད་རྫས B12 ལྟ་བུའོ།།

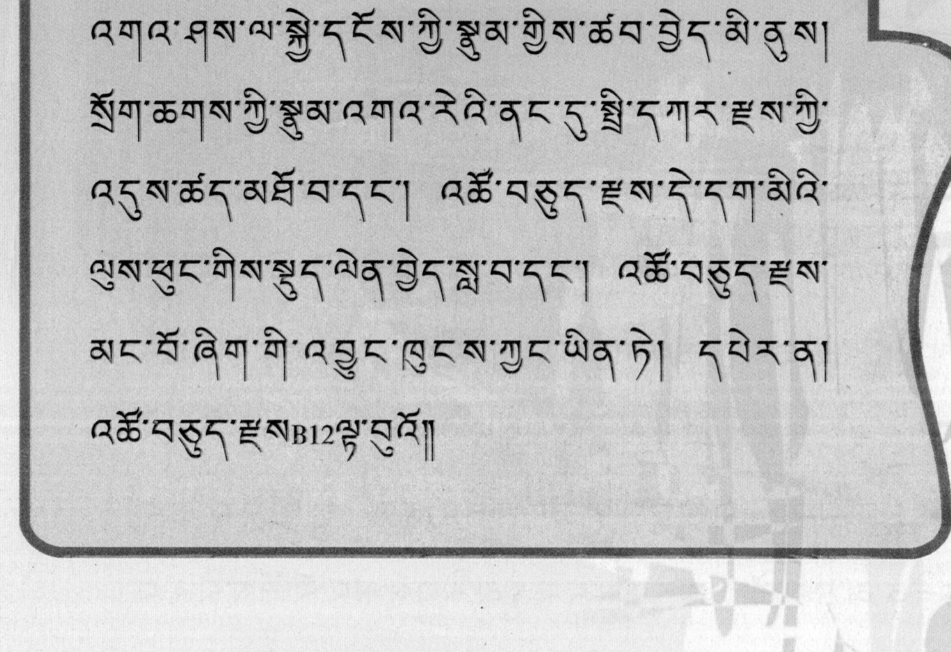

ཕྲུ་གུའི་བཟའ་ཆས་གསོས་སྦྱོར།

ཕྲུ་གུའི་བཟའ་ཆས་ཀྱི་གསོས་སྦྱོར་དེ་གཙོ་བོ་ཟས་འཇུ་མ་ལག་གི་ཁྱད་ཆོས་དང་འཕྲོད་དགོས། ཕྲུ་གུའི་ཁྲེའུ་སོ་རྣམས་འབུས་བཞིན་པའི་སྐབས་ཡིན་ལ། འཆའ་ལྡད་དང་འཇུ་ནུས་སོགས་སྐྱོགས་གང་ཐད་ནས་བྱིས་རྒྣན་ལས་བཟང་མོད། འོན་ཀྱང་ད་རུང་ཅུང་ཞན་པའི་ཚོད་དུ་གནས་ཡོད། དེ་བས་སྡོ་ཚལ་ལ། ཞིབ་པ་དང་། མཉེན་པ། སོབ་པ་སོགས་ཀྱི་ཁྱད་ཆོས་ལྡན་དགོས། བྱིས་པའི་ལུས་ཀྱི་འཚོ་བཅུད་རྫས་བཏོར་བརླག་གཏོང་བར་ངོ་སྣང་བྱེད་དགོས། འབྲས་རླངས་བཙོས་ལས་རག་བཙོས་མི་བྱེད་པ་དང་། གྲོ་ཐུག་བསྐོལ་ཆེ་ཚ་མི་འདེབས་པ། ཚོད་མ་རྗོད་ཆེ་ཁུ་བ་ཉུང་བ་དང་། མེ་ཆེན་པོས་མགྱོགས་རྫོད་མི་བྱེད་པ་བཅསབྱ་དགོས། བརྗོས་ཚོད་ལ་

ཁྲོ་ལྡན་པའི་ཆེད་དུ་ཁྲོ་སྐྱུར་ཅུང་ཟད་བླུག་ན་ཆོག དེས་གཅིག་ནས་འཚོ་བཅུད་རྫསB1དང་། B2、 C སོགས་དབྱང་འགྱུར་བྱེད་པ་འགོག་ཅིང་། གཉིས་ནས་ཀལ་དང་ལིན་སོགས་འཚོ་བཅུད་རྫས་འཇུ་བ་ལ་ཕན།

ཕྲུ་གུའི་ཟས་འཇུ་ནུས་པ་ཅུང་ཞན་པས། ཕོ་བའི་ཤོངས་ནུས་ཅུང་ཆུང་བ་ཡིན། ལོ་༧ནས་༢ཅན་གྱི་ཕྲུ་གུར་ཉིན་གཅིག་ལ་ཟས་ཐུན་ལྔ་བཀོད་སྒྲིག་བྱེད་ཆོག་ལ། ལོ་༢ནས་༣ཅན་ལ་ཉིན་རེར་ཐུན་བཞི་བཀོད་སྒྲིག་བྱེད་ཆོག ཟས་རེ་རེའི་བར་ལ་ཆུ་ཚོད་༣ནས ༥ཡོད་དགོས།

ལོ་༣ནས༥བར་གྱི་བྱིས་པར་སློབ་ལ་ཉེ་བའི་བྱིས་པ་ཞེས་འབོད་ཀྱི་ཡོད། ལོ་ཚོད་འདིའི་རིགས་ལ་འགྲུལ་སྐྱོད་ཀྱི་ནུས་པ་ཆེ་སྟེ། བཟའ་ཆས་གཙང་དག་དང་། གཡོས་སྦྱོར། ཟས་སྤྱོད་ཅ་ལག་གྲ་སྒྲིག དངོས་པོ་ཉོ་བ་སོགས་བྱ་འགྲུལ་མང་པོ་ཡོད་སྲིད། དེ་དང་ལྷན་དུ། གསར་བརྗོད་བསམ་བློ་འཕེལ་བ་དང་། མཐའ་འཁོར་གྱི་བྱ་དངོས་ལ་མཚར་སྣང་མང་པོ་སྐྱེས་སྲིད། དེ་བས། བཟའ་བཏུང་དང་། འཚོ་བཅུད། བློ་སྒོ་འབྱེད་པ་སོགས་མཉམ་དུ་བསྡུས་ནས། བྱ་འགྲུལ་གང་མང་རྩ་འཛུགས་བྱེད་རྒྱུ་

སློབ་གྲྭར་ཞུགས་ཉེ་བའི་བྱིས་པར་བཟའ་བཏུང་གི་གོམས་གཤིས་བཟང་པོ་ཆགས་པ་གསོ་སྐྱོང་བྱེད་དགོས།

དེ་ཏ་ཙང་གཙོ་བོ་ཞིག་ཡིན། འདིའི་སྐབས་ ཀྱི་བྱིས་པར་རང་འགུལ་གྱིས་ཟ་མ་བཟའ་བ་དང་། ཁྱིམ་བདག་དང་དགེ་རྒན་གྱི་མཇུབ་སྟོན་འོག རང་ལ་ཟ་མ་ལྕུག་པ་དང་། ཟས་ལ་གདམས་ཀ་མི་བྱེད་པ། ཕྱོགས་ཞེན་མི་བྱེད་པ། ཇམ་ཟ་ཇམ་འཕྲུང་དང་། སློར་ཟ་སློར་འཕྲུང་མི་བྱེད་པའི་གོམས་གཤིས་བཟང་པོ་ཞིག་ཆགས་སུ་འཇུག་དགོས། མདོར་ན། འགུལ་སྐྱོད་མང་བ་དང་། ལག་ལེན་མང་པོ་བྱེད་པར་སྐུལ་འདེད་བཏང་སྟེ། བྱིས་པའི་བློ་རིག་སྐྱེ་འཕེལ་ཡར་སྐུལ་བྱེད་དགོས།

འགུལ་སྐྱོད་དང་ལག་ལེན་ཁྲིད་ནོར་འཁྲུལ་གང་མང་ཞིག་འབྱུང་སྲིད་པས། ཕ་མ་དང་དགེ་རྒན་གྱིས་གཞི་གཞི་གཏོང་ མི་རུང་ལ། སུ་མཐུད་དུ་སྐུལ་འདེད་དང་མཇུབ་སྟོན། རོགས་རམ་བྱས་ནས་སྔར་ལས་ལྷག་པར་ཡོང་བར་རེ་སྐུལ་བྱས་ཏེ་བློ་རིག་བདེ་ཐང་ངང་སྐྱེ་འཕེལ་དང་འཚར་ལོངས་འབྱུང་བར་བྱེད་དགོས།

བྱིས་བཅོལ་ཁང་གི “ཟས་ཕྲན་གསུམ་དང་བར་ཟས་གཉིས” ཀྱི་བཟའ་བཏུང་ལམ་ལུགས།

སློབ་ལ་ཉེ་བའི་བྱིས་པའི་ཁྱད་ཆོས་དང་། ཀྲུང་གོའི་འཚོ་བཅུད་ཚོགས་པས་གཏན་འབེབས་བྱས་པའི་ལོ༣ནས༥བར་གྱི་བྱིས་པའི་འཚོ་བཅུད་དགོས་མཁོ་ལ་གཞིགས་ནས། ཟས་ཕྲན་གསུམ་དང་བར་ཟས་གཉིས་ཀྱི་བཟའ་བཏུང་ལམ་ལུགས་བཟོས་ཡོད།

བྱིས་བཅོལ་ཁང་ག་གེ་མོ་ཞིག་གི་ཉིན་རེའི་བཟའ་བཏུང་ཚོད་ཐོ་ལ་དཔེར་བཞག་ན་འདི་ལྟ་སྟེ། སྔ་དྲོ་ཆུ་ཚོད་བདུན་དང་ཕྱེད་ཀྱི་སྟེང་སྔ་ཟས་ཟ་བ་ཡིན། དེར་འོ་མ་ཁེ༢༥༠ དང་། བུར་མངར་ཁེ༡༠། རྗེན་ཐོ་ཁེ༥༠། བྱ་སྒོང་ཆླངས་བཙོས་ཁེ ༤༥བཅས་ཡིན། ཆུ་ཚོད་བཅུ་གཅིག་དང་ཕྱེད་ཀྱི་སྟེང་གུང་ཟས་ཟ་བ་ཡིན། དེར་འབྲས་༡༠༠དང་། ཕག་ཤ་ཤ་རིལ་ཁེ༢༥། ལྷུམ་སྒོང་ཁེ༡༠༠། སྲན་ཕྱུད་ཁུ་བ་ཁེ་

༥༠། ཅན་ཚལ་ཁེ༡༠༠། སྣུམ་ཁེ༨བཅས་དང་། ཕྱི་དྲོ་ཆུ་ཚོད་གསུམ་དང་ཕྱེད་ཀྱི་སྐབས་བར་ཟས་ཐུན་གཅིག་ཟ་བ་ཡིན། མངར་གོར་གཉིས་ཏེ་ཁེ༢༠དང་། ལྷུམ་སྔོང་ཁུ་བ་ཁེ ༡༥༠། བུར་མངར་ཁེ༡༠བཅས་ཡིན། ཕྱི་དྲོ་ཆུ་ཚོད་ལྔ་དང་ཕྱེད་ཀྱི་སྐབས་དགོང་ཟས་ཟ་བ་ཡིན། དེར་གྲོ་ཐུག་ཁེ༡༠༠དང་། ཚལ་དཀར་ཆུང་བ་ཁེ༥༠། ཉ་མཆིན་ཁེ༢༠། སྣུམ་ཁེ༢གཉིས་བཅས་ཡིན། དགོང་མོ་ཆུ་ཚོད་བདུན་དང་ཕྱེད་ཀྱི་སྐབས་ཡང་བསྐྱར་བར་ཟས་ཐུན་གཅིག་ཟ་བ་ཡིན། དེར་འོ་མ་ཁེ༡༥༠དང་། བུར་མངར་ཁེ༡༠བཅས་ཡིན།

འཚོ་བཅུད་ནི་རིག་སྟོབས་སྐྱེ་འཕེལ་གྱི་རྨང་གཞི་ཡིན་པས། དར་རྒྱས་ཆེ་བའི་རྒྱལ་ཁབ་སོ་སོས་སློབ་མའི་འཚོ་བཅུད་བཟའ་བཏུང་ལ་ཧ་ཅང་མཐོང་ཆེན་བྱེད་ལ། དེ་ནི་སློབ་གསོའི་བརྒྱུད་རིམ་ཁྲོད་ཀྱི་གཙོ་བོའི་གནད་འགག་ཞིག་ལ་བརྩི། འཇར་པན་གྱིས༡༩༥༤ལོ་ནས་བཟུང་ཟས་མཁོ་འདོན་ཁྲིམས་ལུགས་ཁྱབ་བསྒྲགས་བྱས་ཤིང་། རྒྱལ་ནང་ཡོངས་སུ་ཟས་མཁོ་འདོན་ལྟེ་བས་སློབ་ཆུང་སློབ་མར་འཚོ་བཅུད་ཆ་སྙོམས་བྱེད་རྒྱུ་གཏན་འབེབས་བྱས། ཨ་མེ་རི་ཁའི་སྲིད་གཞུང་གི་སྒྲིག་གཞིའི་ཁྲོད་ཀྱང་བྱིས་པའི་བཟའ་བཏུང་ཞབས་འདེགས་སྡེ་ཁག་བཙུགས་ནས། སློབ་ལ་ཉེ་བའི་སློབ་མའི་སྔ་ཟས་དང་གུང་ཟས་བཅས་ཀྱི་ཚད་གཞི་གཏན་འབེབས་བྱེད་པའི་འགན་ཁུར་ཡོད་ཅིང་།

སློབ་མའི་འཚོ་བཅུད་ཀྱི་བཟའ་བཏུང་ལ་མཐོང་ཆེན་བྱེད་པ།

ཉིན་རེར་སློབ་མ་ཁྲི༤༠༠༠ལྷག་ཡས་མས་ཤིག་ཟ་མ་བཟའ་བར་སླེབས་ཀྱི་ཡོད། རང་རྒྱལ་དུ་སློབ་མའི་བཟའ་བཏུང་དེ་ས་ཆ་སོ་སོར་སྔ་གཞུག་ཏུ་བྱུང་དང་འབྱུང་བཞིན་ཡོད་མོད། འོན་ཀྱང་འཚོ་བཅུད་དགེ་རྒྱན་གྱི་མཇུབ་སྟོན་མེད་པས། བཟའ་བཏུང་ཚད་གཞིའི་བར་གྱི་ཧེ་བག་ཆུང་ཆེ། གཅིག་ནས་ཚད་ཀྱི་སྟེང་ནས་ཧེ་བག་ཡོད་པ་དང་། གཉིས་ནས་འཚོ་བཅུད་ཆ་སྙོམས་མིན་པའི་བར་གྱི་ཧེ་བག་ཡོད། སློབ་གྲྭ་ག་གེ་མོ་ཞིག་གི་བཅའ་སྒྲིག་སློབ་མའི་བཟའ་བཏུང་ཚད་གཞི་ལ་དཔེར་བཞག་ན། བརྟག་ཞིབ་བྱས་པའི་རེའུ་མིག་ལས་ཤེས་གསལ་ལྟར། དྲོད་ཚད་ནི70%ནས80%ཡིན་པ་དང་། སྤྲི་དཀར་རྫས་ཀྱི་ཚད་གཞི་ནི70%ལས་བསླེབས་མེད་པ་དང་། ཀེལ་དང་འཚོ་བཅུད་རྫས་དེ་བས་ཀྱང་ལྷག་ཏུ་དམའ་སྟེ། 50%ཙམ་ལས་མེད་དོ།།

ཉུ་མཚམས་གཙོད་པ་དང་དེའི་བཟའ་ཆས།

——འཚོ་བཅུད་རང་བཞིན་གྱི་ནད་རིགས་འགོག་བྱེད་པའི་འགག་རྩ།

བཙས་ནས་ཟླ་བ༥ནས༦སོན་པའི་བྱིས་པ་ལ་མཚོན་ནས་བཤད་ན། དེའི་བཟའ་བཏུང་ཡོངས་རྫོགས་མའི་ནུ་ཆུ་ལ་བརྟེན་དགོས་པ་རེད། དེའི་རྗེས་སུ་བྱིས་པའི་འཚར་ལོངས་མགྱོགས་པ་འོ་ཆུའི་ཐོན་ཚད་ལས་འདའ་བས། བྱིས་པའི་གྲོད་ཁོག་འགྲང་དཀའ་བ་ཡིན། དེ་དུས་འོས་འཚམ་གྱི་ཟས་ཁ་སྣོན་བྱ་དགོས་ཤིང་། བྱིས་པའི་ཉུ་མཚམས་གཙོད་པའི་མགོ་ཚུགས་པ་ཡིན།

ནུ་མཚམས་གཅོད་པའི་བརྒྱུད་རིམ་འདི་ཧ་ཅང་ཡུན་རིང་བ་ཞིག་ཡིན་པ་དང་། འཚོ་བཅུད་འདང་མིན་སོགས་ཀྱིས་བྱིས་པའི་རྗེས་ཕྱོགས་ཀྱི་འཚར་ལོངས་ལ་ཧ་ཅང་གལ་ཆེ་བ་ཞིག་ཡིན་ལ། འདིའི་སྐབས་འཚོ་བཅུད་རང་བཞིན་གྱི་ནད་རིགས་འབྱུང་སླ་བའི་དུས་ཀྱང་ཡིན། ཟླ་བ༦ནས་ལོ༡ལོན་པའི་བྱིས་པ་ལ། འཚོ་བཅུད་དགེ་རྒན་གྱི་མཛུབ་སྟོན་འོག རིམ་གྱིས་འོ་རིགས་དང་སིལ་ཁུ་སོགས་བཞེར་གཟུགས་ལྷུད་པ་ནས་སིལ་ཏོག་ཐུད་དང་། ཚོད་ཐུད། འབྲས། གྲོ། ཤ སིལ་ཏོག སྔོ་ཚོད་བསྲེས་ནས་ཟ་ཐུབ་པའི་བར་བརྒལ་དུས་སྐབས་ཡིན། དུས་སྐབས་འདིར་ཚོང་ར་ནས་ནུ་མཚམས་གཅོད་པའི་བྱིས་པའི་བཟའ་ཆས་ཉོས་ཏེ་ཟ་རུ་བཅུག་ཀྱང་ཆོག

ཞེན་ཟས་བྱེད་པ་ནི། ཆེས་མི་ལེགས་པའི་གོམས་གཤིས་ངན་པ་ཞིག་ཡིན།

བྱིས་པས་ནམ་རྒྱུན་ཟ་མ་ཟ་བའི་སྐབས། ཟས་སྣ་གཅིག་ཟ་བའི་གོམས་གཤིས་ཆགས་པ་ལ། ཟས་ལ་ཕྱོགས་ཞེན་ཡོད་པ་ཞེས་ཟེར། དེ་ནི་ཆེས་མི་ལེགས་པའི་གོམས་གཤིས་ངན་པ་ཞིག་ཡིན། མི་ལ་འཚོ་བཅུད་ཀྱི་རྫས་དགོས་པ་དང་། ཟས་ལ་ཕྱོགས་ཞེན་ཡོད་པ་དེས་འཚོ་བཅུད་གཞན་ཞིག་མི་འདང་བར་བྱེད་པས། འཚོ་བཅུད་རང་བཞིན་གྱི་ནད་རིགས་ངེས་པར་དུ་འབྱུང་སྲིད་ཅིང་། ལུས་ཕུང་གི་འཚར་ལོངས་དང་སྐྱེ་འཕེལ་ལའང་ཤུགས་རྐྱེན་ཐེབས་ངེས། གལ་སྲིད་སྤོ་ཚལ་དང་ཤ་

རིགས་མ་ཟས་ན་འཚོ་བཅུད་མི་འདང་བའི་ནད་གང་མང་འབྱུང་སྲིད་པ་དང་། མངར་རིགས་ཟ་རྒྱུ་དགའ་ན་ཟས་ཀྱི་ཡི་ག་འགགས་པའི་ནད་སོགས་འབྱུང་ལ། ཟས་ལ་ཕྱོགས་ཞེན་ཡོད་པས་བྱིས་པར་མཆིན་ནད་དང་། ཕོ་རྒྱུའི་ནད་སོགས་ཀྱང་འབྱུང་ངེས། དེ་བས་གོམས་གཤིས་ངན་པ་དེ་དོར་ནས། བྱིས་པ་བདེ་ཐང་དང་འཚར་ལོངས་འབྱུང་བ་བྱེད་དགོས།

ནད་རིགས་སྔོན་འགོག

མིའི་འགྲོ་འདུག་སྤྱོད་གསུམ་དེ་དུས་ཚིགས་བཞི་དང་འགྱུར་བར་འབྲེལ་བ་ཡོད། དབྱར་དཔྱིད་དུས་སུ་སྔ་ཉལ་སྔ་ལངས་བྱེད་པ་དང་། སྟོན་དགུན་དུས་སུ་སྔ་ཉལ་འཕྱི་ལངས་བྱེད་པ། ཁྱིམ་གྱི་འཁྲོད་བསྐྱེན་བཟང་བ། རླུང་རྒྱུ་མིན་དང་གྲང་འགོག་དྲོད་འཛིན་སོགས་ལ་མཉམ་འཇོག་དགོས། ལག་པ་བཀྲུ་བ་དང་། ཆུ་མང་པོ་འཐུང་བ། ལུས་རྩལ་སྦྱོང་བ། བཟའ་བཏུང་ཚད་རན་པ་ཟ་བ། འཚོ་བཅུད་འདང་བ་སོགས་བྱེད་དགོས། དུས་ལྟར་གཟུགས་པོར་བརྟག་དཔྱད་དང་།

སེམས་ཁམས་སྐྱོམས་སྒྲིག་སོགས་བྱེད་དགོས།

སྨྱུན་མང་གཟུགས་སུ་འགྱུལ་རིས་ཅན་གྱི་བདེ་ཐང་དང་སྙུན་གཞིའི་མཚན་ཉིད་ངོ་སྤྲོད་དང་། ཇི་ལྟར་ནད་གཞི་སྔོན་འགོག་བྱེད་པ་དང་། བདེ་ཐང་ཁག་ཐེག་གི་ཐབས་ལམ་སོགས་རྟོགས་པར་བྱེད་ཅིང་། འདི་ལྟར་བདེ་ཐང་དང་སྙུན་གཞིའི་ཤེས་བྱ་རྟོགས་པའི་ཞོར་དུ། ལུས་པོ་བདེ་ཐང་ཡོང་བ་རྒྱུན་འཁྱོངས་དང་། ནད་རིགས་ཀྱི་བཅིངས་པ་ལས་གྲོལ་བའི་འདུ་ཤེས་སྐྱེས་སུ་འཇུག་དགོས།

སྤྲག་ཚགས་དང་འགོ་ནད།

འདི་ལ་ཁྱི་སྐྱོན་གྱི་ནད་ལས་གཞན་པའི་ཁྱི་ཡིས་ཀྱང་ནད་རིགས་བརྒྱད་སྤེལ་བྱེད་ངེས། ཧ་མིན་འབུ་ཕྲའི་ནད་ཡོད་པའི་ཁྱི་ཡིས་བཟའ་ཆས་སྦགས་པ་དེས་མི་ལ་འཕོ་རྒྱུའི་རྣམ་པའི་ནད་དུག་འབྱུང་། འཁྲུག་འབུའི་ནད་ཀྱིས་རྒྱ་མའི་ནད་འབྱུངཞིང་། ཚོག་པ་བཤལ་བ་དང་། ན་བ། སྐྱུག་པ་སོགས་བྱེད་ལ། གལ་སྲིད་འཁྲུག་འབུ་དེ་ཁྲག་རྩའི་སྦུབས་སུ་སོང་ན། ཁྲག་ནད་དང་། ནང་

སྐྱིའི་གཉན་ཚད། མཁྲིས་སྣོད་ནད། ཆོགས་ནད། གཅིན་ལམ་ནད་སོགས་འབྱུང་སྲིད། ནད་འདིའི་རིགས་ཀྱིས་སྐབས་འགར་མིའི་ཚེ་སྲོག་ལའང་གནོད་པ་བསྐྱལ་ངེས།

ཚན་རིག་པ་རྣམས་ཀྱིས་ཞིབ་འཇུག་བྱས་པ་ལྟར་ན། མི་ལ་འགྲིག་འབུའི་རྒྱུ་སྲིན་ནད་ཐོང་བའི་འབྱུང་ཁུངས་གཙོ་བོ་ཞིག་ནི་ཁྱི་རིགས་ཡིན་པར་ར་སྤྲོད་ཐུབ། བདེ་ཐང་གི་ཁྱི་དང་ནད་ཅན་གྱི་ཁྱི་གང་ཡིན་རུང་། དེའི་ཁྱི་སྐྱག་ཁྲོད་འགྲིག་འབུའི་ནད་དུག36.4%ཚད་ལ་བསླེབས་པས། ནད་འདི་མི་ལ་འགོ་བཞིན་ཡོད།

ཁྱི་རིགས་ཀྱི་འབུ་ཕྲའི་གཙོང་ནད་གང་མང་ཁྱབ་སྤེལ་བྱེད་སྲིད་པས། ཁྱིམ་དུ་ཁྱི་གསོ་བ་མཉམ་འཛོམ་གཟབ་ནན་བྱེད་དགོས།

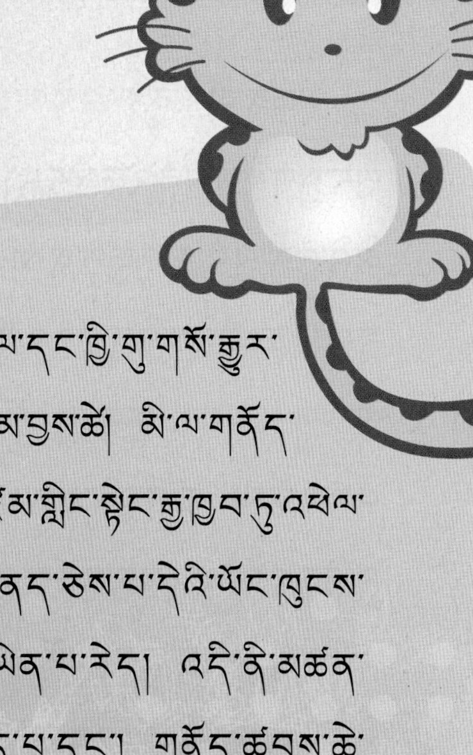

མི་མང་པོ་ཞིག་གིས་ཁྱིམ་དུ་བྱི་ལ་དང་ཁྱི་གུ་གསོ་རྒྱུར་སྤྲོ་བས། གལ་སྲིད་ཅུང་ཟད་དོ་སྣང་མ་བྱས་ཚེ། མི་ལ་གནོད་པ་ཚབས་ཆེན་སྐྱེལ་ངེས་ཡིན། འཛམ་གླིང་སྟེང་རྒྱ་ཁྱབ་ཏུ་འཕེལ་བཞིན་པའི་མཚན་མེད་ནུས་འཕེལ་ནད་ཅེས་པ་དེའི་ཡོང་ཁུངས་གཙོ་བོ་ནི་ཁྱིམ་གྱི་བྱི་ལ་དང་ཁྱི་གུ་ཡིན་པ་རེད། འདི་ནི་མཚན་མེད་ནུས་འཕེལ་ཕྲ་ཕུང་གིས་བསྐྱེད་པ་དང་། གནོད་ཚབས་ཆེ་བའི་ནད་རིགས་ཤིག་ཡིན་ལ། དེས་གློ་བུར་ཁོག་བཤལ་དང་ཡུན་དལ་ཁོག་བཤལ་སོགས་ཀྱི་སྣང་ཚུལ་འབྱུང་བ་དང་། དེ་ལས་ཡུན་དལ་ཁོག་བཤལ་ལ་ལྷག་ཏུ་ཉེན་ཁ་ཆེ་བ་ཡིན།

བྱི་ལ་དང་མཚན་མེད་ནུས་འཕེལ་ཕྲ་ཕུང་ནད།

མཚན་མེད་ཧུས་འཕེལ་ཕྲ་ཕུང་གི་ནད་འགོས་པའི་ཁྱི་གུ་དང་བྱི་ལའི་ལུད་སྐྱག་གིས་བཟའ་ཆས་དང་། ཆུ། ཅ་ལག་སོགས་ལ་སྦགས་བཙོག་ཤོར་བ་མིའི་ལུས་ཕུང་དུ་འཛུལ་ནས། ཉིན༨ནས༡༨བར་ལུས་ཕུང་དུ་གཡེང་བ་དང་། ཚ་སྐོམས་ཉིན༡༠འགོར་རྗེས་ནད་འབྱུང་བ་ཡིན། དེ་བྱུང་ན་ཞེན་ཁ་ལོག་པ་དང་། སྐྱུག་པ། ཕོ་བ་ན་བ། སྒོ་ཁྲིག་གྲགས་པ། ཟས་ཀྱི་ཡི་ག་འགགས་པ། ཚ་བ་རྒྱགས་པ། མགོ་ན་བ་སོགས་འབྱུང་ལ། དེ་སྤྱིར་བཏང་དུ་ཉིན༣ནས༡༢བར་བཅོས་ཐུབ་ལ། ཡང་བསྐྱར་འཕར་མི་སྲིད།

ནད་འགོག་ནུས་པ་ཡོད་པའི་མི་ལ་ཡུན་དལ་ཁོག་བཤལ་ནད་འགོས་ཤིང་། ན་ཡུན་ཉིན༢༠ནས་ཟླ༢བར་ཡིན་ལ། ལུས་ཀྱི་ཆུ་མང་པོ་ཕྱིར་འདོར་ངེས་ཡིན། ཉིན་རེར་ཆུ་ཧྲིན༣ནས༦དང་། སྐབས་འགར་ཧྲིན༡༧ལས་

བརྒྱལ་བའང་ཡོང་སྲིད། དེས་གློག་འབྲེད་རྫས་ཀྱི་སྨྲམས་ཚ་ཤོར་ཞིང་། རེས་འཁོར་གྱིས་ཇི་སྲུག་ཏུ་ཕྱིན་ནས་འཆི་བར་འགྱུར་སྲིད།

མཚན་མེད་ནུས་འཕེལ་ཕྲ་ཕུང་ནད་ནི་འཛམ་གླིང་རང་བཞིན་གྱི་འགོ་ནད་ཅིག་ཡིན་ལ། མིག་སྔར། ཉུང་མཐར་ཡང་རྒྱལ་ཁབ༣༤དང་། ས་ཁུལ༢༢༤ལ་ནད་འདི་ཐོག་མཁན་བྱུང་ཡོད། རང་རྒྱལ་དུ་༡༩༤༨ལོར་ནད་འདི་བྱུང་མཁན་ཡོད་པ་ནས་ད་ལྟའི་བར་མི་སྟོང་ལྷག་ལ་ཕྱིན་ཡོད། དམག་སྐར་དང་བྱིས་བཙོལ་ཁང་སོགས་སུ་འབྱུང་བ་ཉུང་ལ། ཁྱིམ་མི་འདུས་སྡོད་དང་ལྷོངས་རྒྱུ་པར་འབྱུང་བ་ཞིག་གཅིག་ཡིན། དེ་བས་བྱི་ལ་དང་ཁྱི་གུ་གསོ་རྒྱུར་སྤྲོ་བའི་མིས་ལྷག་པར་དུ་ དོ་སྣང་དང་ཡིད་གཟབ་བྱེད་དགོས།

བྱི་ལ་ཆུང་ཆུང་གིས་མཚན་མེད་ནུས་འཕེལ་ཕྲ་ཕུང་ནད་བརྒྱུད་སྤེལ་བྱེད་པར་མ་ཟད། ད་དུང་ཁྱི་སྨྱོན་གྱི་ནད། བྱི་བའི་ནད་དང་། རྐང་འབམ་ནད་སོགས་ནད་རིགས་མང་པོ་ཁྱབ་སྤེལ་བྱེད་ངེས་ཡིན།

མི་ཕྱུགས་ཐུན་མོང་ལ་ཕོག་པའི་ནད་རིགས་ལ་ངོ་རྒོལ་བྱེད་དགོས།

རྒྱལ་ཁབ་སོ་སོའི་སྨན་བཅོས་ལས་ཁུངས་དང་ནད་འགོག་སྡེ་ཁག་གིས་མི་ཕྱུགས་ཐུན་མོང་ལ་ཕོག་པའི་ནད་རིགས་ལ་མཐོང་ཆེན་བྱེད་ཀྱི་ཡོད་ལ། འགོ་ནད་ཀྱི་རྩ་བ་གཙོད་པ་དེ་ཆེས་གཙོ་བོར་འཛིན་གྱི་ཡོད། གལ་སྲིད་སྒོ་ཕྱུགས་དང་ཁྱི། བྱི་ལ་སོགས་ལ་ནད་ཚབས་ཆེན་ཡོད་ཚེ་གསོད་པ་དང་། དེའི་ཤ་མེར་བསྲེགས་ནས་རྩ་བ་ནས་ནད་ཁུངས་གཙོད་པར་བྱེད། ཚོང་ར་རུ་འཚོང་བའི་ཕག་ཤ་དང་། ཐྱིག་ཤ ལུག་ཤ་སོགས་གཟབ་ནན་གྱིས་བརྟག་དཔྱད་བྱེད་པ་དང་། གལ་ཏེ་ནད་ཤ་ཡིན་ཚེ་ཚོང་རྭས་བཙོང་བ་འགོག་པར་བྱེད་ཅིང་། མེར་བསྲེགས་ནས་རྩ་མེད་དུ་གཏོང་ངེས་རེད།

དེ་དང་ལྷན་དུ། གྲོང་ཁྱེར་དུ་གསོས་པའི་ཁྱི་དང་བྱི་ལ་སོགས་ལ་ཉོ་དམ་གཟབ་ནན་བྱེད་པ་དང་། དུས་ལྟར་ཁྱི་སྐྱོན་ནད་འགོག་སྨན་ཁབ་རྒྱག་དགོས། རྒྱ་ཆེའི་ཁྱི་ཀུ་དང་བྱི་ལ་

གསོ་མཁན་དག་གིས་ཁྱི་གུ་དང་བྱི་ལ་ཆུང་ཆུང་སོགས་ལྷན་དུ་འདུག་པར་བྱེད་ཅིང་། དེ་དག་གིལུས་པོ་རྒྱུན་དུ་འཁྲུ་བ་དང་། གཅིན་སྐྱག་མགྱོགས་པོར་གཙང་དག་བཟོ་དགོས། གལ་ཏེ་ཁྱི་བྱིས་སོ་བཏབ་པའམ། སྡེར་བཀྲད་བྱས་ན། མགྱོགས་པོར་སྨན་ཁང་དུ་སོང་ནས་སྨན་བཅོས་བྱེད་དགོས།

དུག་སྦྲང་ནི་མི་ཕྱུགས་ཀྱི་ནད་རིགས་བརྒྱུད་སྤེལ་བྱེད་མཁན་གཙོ་བོ་ཞིག་ཡིན། དེ་བས། སྤྱི་སྤྱོད་ས་ཁུལ་དུ་དུག་སྦྲང་གཙང་སེལ་བྱེད་པའི་འཕྲུལ་ཆས་སོགས་འཛོག་དགོས། དུག་སྦྲང་གིས་སྒུགས་བཙོག་ཐེབས་པའི་ས་གནས་གཙོ་བོ་ལ། པད་རྫིང་དང་། ཆུ་རྐྱལ་རྫིང་བུ། ཆུ་ཤུད་སྦུ་གུ། འདམ་དོང་། ལུད་དོང་། སྦྲིབ་དོང་སོགས་སུ་འཕེལ་བཞིན་ཡོད། ཞང་གྲོང་ཚང་མས་རྒྱལ་གཅེས་གཙང་སྦྲའི་བྱ་འགུལ་བརྒྱུད་ནས། ས་གནས་འདི་དག་གི་གཙང་སྦྲ་དང་དུག་སེལ་བྱ་བར་ཞུགས་སྟོན་རྒྱག་དགོས། ནད་འགོག་

ཁུལ་གྱི་རྫིང་བུ་དང་། ཆུ་དོང་གི་ཆུ་ཚང་མ་ཕྱིར་ཕུད་པའམ་ནང་དུ་བྱེ་མ་ལྷུད་དགོས།

མི་སྡེར་གྱིས་དུག་སྦྲང་གིས་སོ་གདབ་པར་གཟབ་དགོས་པ་དང་། སྒོ་དང་སྒེའུ་ཁུང་དུ་འབུ་འགོག་དྲ་བ་འཛེན་ནས། གཉིད་དུས་སུ་དུག་སྦྲང་གིས་སོ་འདེབ་པ་སྔོན་འགོག་བྱེད་དགོས། ཕྱི་རོལ་ཏུ་འདུག་དུས། ཕུ་རིང་ལྭ་དང་། དོར་མ་རིང་པོ་གྱོན་དགོས་ཤིང་། དུག་སྦྲང་གིས་སོ་འདེབ་པ་འགོག་དགོས།

ང་ཚོས་ནད་རིགས་སྔོན་འགོག་ལ་དོ་སྣང་བྱས་ན། གཞི་ནས་མི་ཕྱུགས་གང་རུང་ལ་ཐོག་པའི་ནད་རིགས་ཀྱི་ཉེན་ཁ་ཆེས་ཆུང་བར་འགྱུར་ཐུབ་ངེས་ཡིན།

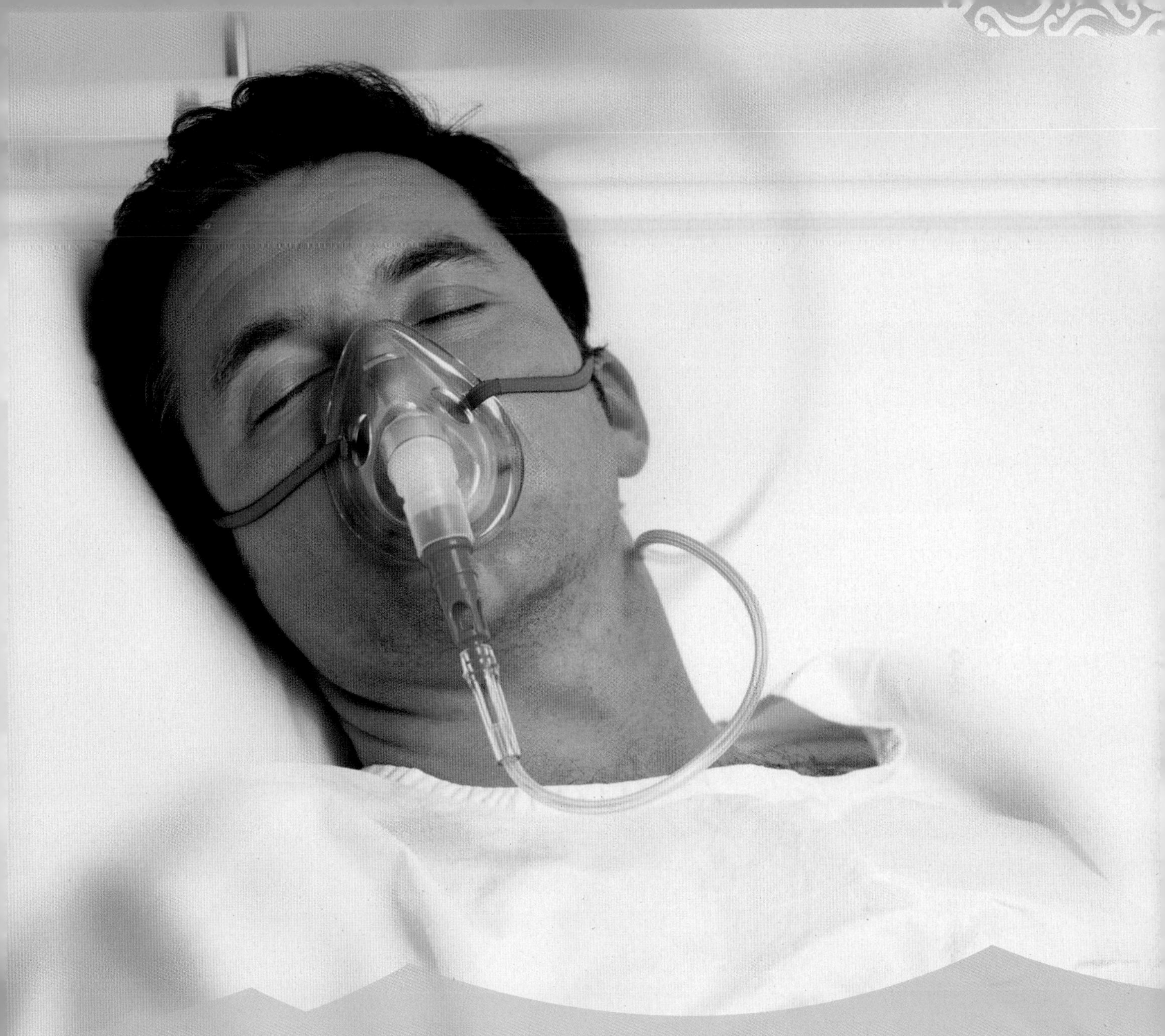

ད་ང་སྐབས་མིའི་རིགས་ཀྱི་རྒྱུན་མཐོང་ནད་རིགས་སྐོར།

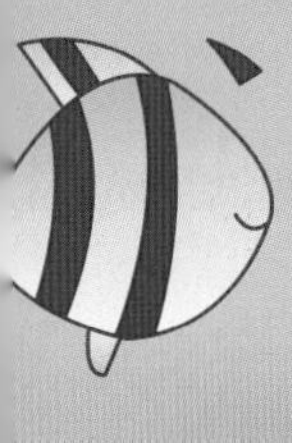

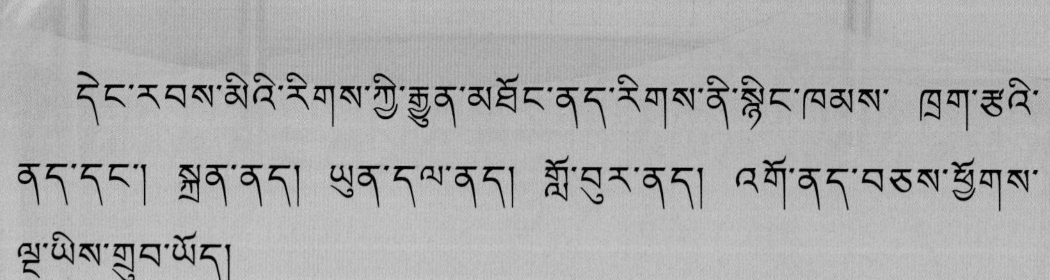

དེང་རབས་མིའི་རིགས་ཀྱི་རྒྱུན་མཐོང་ནད་རིགས་ནི་སྙིང་ཁམས་ ཁྲག་རྩའི་ནད་དང་། སྐྲན་ནད། ཡུན་དལ་ནད། སློ་བུར་ནད། འགོ་ནད་བཅས་ཕྱོགས་ལྔ་ཡིས་གྲུབ་ཡོད།

སྙིང་ཁམས་ཁྲག་རྩའི་ནད་ཀྱི་ཁོངས་སུ། ཚོལ་ཁྲག་མཐོ་བའི་ནད་དང་། ཁྲག་ཤེད་མཐོ་བའི་ནད། སྙིང་རྩ་རེངས་པའི་ནད་སོགས་ཡོད།

སྐྲན་ནད་ཀྱི་ཁོངས་སུ། མིད་ཐག་གི་སྐྲན ཕོ་སྐྲན། མཆིན་སྐྲན། ནུ་ཤིན་

སྙིན་ནད། སྙེ་སྐྲན་སོགས་ཡོད།

ཡུན་དལ་ནད་ཀྱི་ཁོངས་སུ། མཁྲིས་རྡོའི་ནད། སྙལ་ཚོགས་ནད། ཕོ་ནད། མཆིན་ནད། མངར་གཅིན་ནད། མཁལ་ནད་སོགས་ཡོད།

གློ་བུར་ནད་ཀྱི་ཁོངས་སུ། གྲིབ་ནད། རྒྱུ་ལྷག་ནད། རྒྱུ་འགགས་ནད། མཁལ་སྲིན་ནད་སོགས་ཡོད།

འགོ་ནད་ཀྱི་ཁོངས་སུ། མཆིན་སྲིན་ནད་དང་། SARS ཨའེ་ཚེའི་ནད། དབུགས་ལམ་ འགོ་ནད་དང་། མཚན་མའི་ནད་སྣ་ཚོགས་པ་སོགས་འདུས་ཡོད།

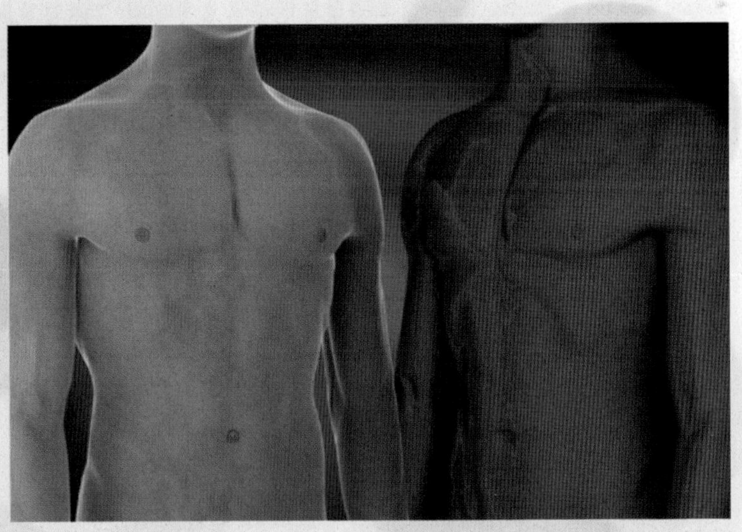

འགོ་ནད་རིགས་ཀྱི་རིམ་བསྟར།

ཀྲུང་གོའི་འགོ་ནད་འགོག་བཅོས་རྩ་ཁྲིམས་སོགས་འབྲེལ་ཡོད་ཁྲིམས་ལུགས་ལ་གཞིགས་ནས་གཏན་འཁེལ་བྱས་པའི་འགོ་ནད་རིགས་རིམ་བསྟར་བཀྲིས་ན་གཤམ་གསལ་ལྟར།

བྱི་བའི་ནད་དང་། སྐྱུག་བཤལ། ནད་དུག་རང་བཞིན་གྱི་མཆིན་སྐྲིན། དུག་སྐྲིན་རང་བཞིན་དང་འབྲུ་ནད་ཨ་སྐྱི་པའི་ནད། རྒྱུ་བརྟུགས་ཚད་རིམས་དང་རྒྱུ་བརྟུགས་ཚད་རིམས་ཕལ་བ། ཨེ་ཛོའི་ནད། གཅིན་སྙི། བསེ་དུག སྐྲང་

རྒྱངས་སྐྲ་སྲིན། སྲིབ་ནད། ཉིན་མང་གློ་ལུད་ནད། མགྲིན་ནད། ཟླད་རྒྱངས་སྐྱི་སྲིན། ཚ་རིམས་དམར་སྐྲ། ཁྲག་དོན་ཚ་རིམས། ཁྲི་སྨྱིན་ནད། དུང་འཁྲིལ་ནད། པུ་ལུ་ཧྲི་འབྲུ་ཕྲའི་ནད། ས་ནད། ཁྱབ་ཆེ་བ་དང་ས་ཁུལ་རང་བཞིན་གྱི་རྒྱུ་ཚན་ཐོར་སིབ་ནད། ཟླད་ཚད་ཁ་པའི་ཡམས་ནད། ཚ་ནད་ནག་པོ། འདར་ནད། བྱུས་པའི་མཛུབ་གུ་ལྷག་དཀྱིའི་དབྱུག་སྲིན། གློ་བའི་གཙོང་ནད། SARSགློ་བའི་འགོ་ནད་བཅས་ཡོད།

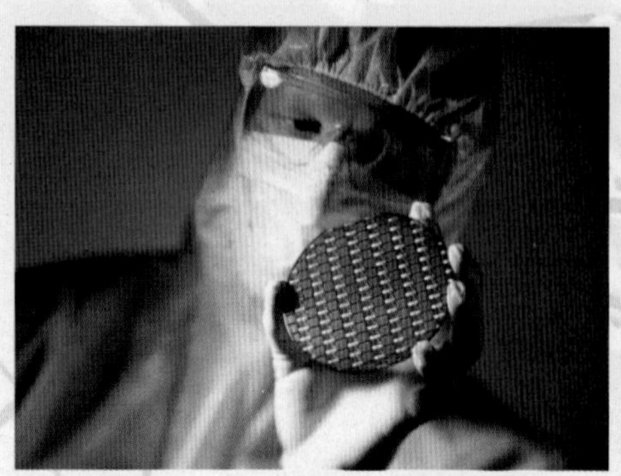

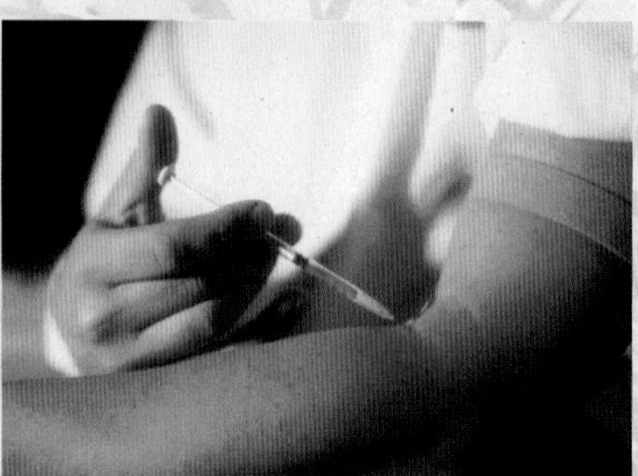

SARSནད་དུག་གི་ཁྱབ་སྤེལ་བརྒྱུད་ལམ་ལ། མཆིལ་ཟེགས་ཁྱབ་སྤེལ་དང་ཐག་ཉེའི་རེག་ཐུག་གི་ཁྱབ་སྤེལ་སོགས་ཡོད། འགོ་ནད་འདི་རྒྱ་བའི་ཁྱབ་ཁོངས་ནས་ཚོད་བཀག་བྱས་ཚེ། རིམས་ནད་ཀྱི་ཁྱབ་ཚད་ནུས་ལྡན་གྱིས་འགོག་ཐུབ་པ་ཡིན།

ཨེ་ཛེའི་ནད་དུག་ནི་གསོ་རིག་ཆེད་བཀོལ་མིང་ཡིན་ལ། མིའི་རིགས་ཀྱི་འགོ་ནད་ལས་མ་ཐར་བའི་དུག་ནད་ཅེས་འབོད་ཀྱི་ཡོད། (དབྱིན་ཡིག་གི་སྐྱུང་འབྲི་ལHIV) ནད་དུག་དེ་མིའི་ལུས་ཁུང་ལ་

SARS、དང་ཨེ་ཛེའི་ནད་ཀྱི་སྔོན་འགོག་བྱེད་ཐབས།

འཛུ་ལ་ཡོ་ཨིའི་གཟུགས་ཁུང་གི་འགོ་ནད་འགོག་བྱེད་ཀྱི་མ་ལག་ལ་བཙོར་བརྡུག་ཐེབས་ཤིང་། མིའི་ལུས་སྟེང་ལ་བཙོས་དཀའ་བའི་འགོས་ནད་དང་སྐྲན་ནད་འབྱུང་བར་བྱེད། དེ་ནས་མཐའ་མར་འཆི་འགྲོ་བ་ཡིན།

ཨེ་ཛིའི་ནད་ཀྱི་འབྱུང་ཁུངས་ནི། ཁྲག་རྒྱུན་དང་། མི་གཙང་བའི་འཁྲུག་སྤྱོར། ཉལ་ཐ་འཐེན་པ། (སྨོད་རྫས་ཁབ་རྒྱག་པ) མ་བུ་བརྒྱུད་ནས་འགོ་བ་བཅས་ཡིན། སྔོན་འགོག་བྱེད་པའི་ཐབས་ཡང་ཕྱོགས་འདི་དག་ནས་བྱ་དགོས་སོ།།

食物与营养

营养是指人体吸收和利用食物或营养物的过程，包括摄取、消化、吸收和体内利用等。食物所具有的这些功能，也就是说食物的营养价值，是取决于食物中所含营养素和热能是否满足人体营养需要的程度。人体所需要的营养素主要有：蛋白质、脂肪、碳水化合物、维生素、矿物质、膳食纤维和水。

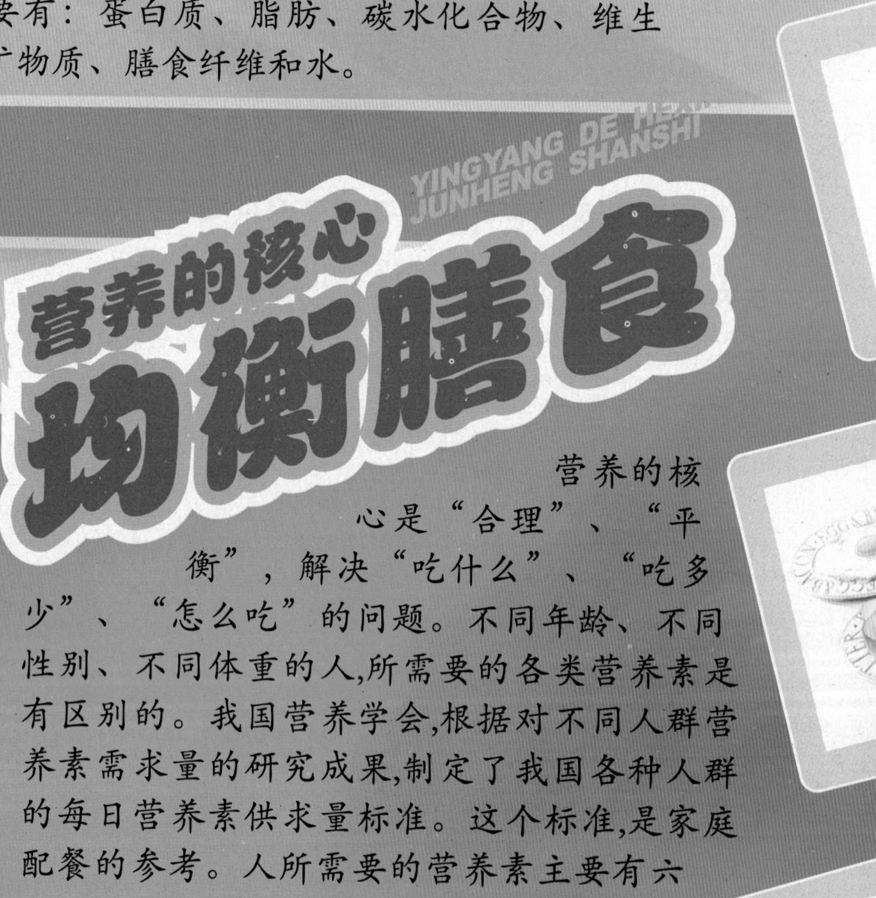

营养的核心 均衡膳食

YINGYANG DE HEXIN JUNHENG SHANSHI

营养的核心是“合理”、“平衡”，解决“吃什么”、“吃多少”、“怎么吃”的问题。不同年龄、不同性别、不同体重的人,所需要的各类营养素是有区别的。我国营养学会,根据对不同人群营养素需求量的研究成果,制定了我国各种人群的每日营养素供求量标准。这个标准,是家庭配餐的参考。人所需要的营养素主要有六大类：蛋白质、脂肪、碳水化合物、维生素、矿物质、膳食纤维和水。

平衡膳食宝塔

有人绘制了家庭配餐的平衡膳食宝塔。平衡膳食宝塔提出了一个营养上比较理想的膳食模式。平衡膳食宝塔共分五层,包含我们每天应吃的主要食物种类。宝塔各层位置和面积不同,这在一定程度上反映出各类食物在膳食中的地位和应占的比重。谷类食物位居底层，每人每天应该吃300~500克；蔬菜和水果占据第二层，每天应吃400~500克和100~200克；鱼、禽、肉、蛋等动物性食物位于第三层，每天应该吃125~200克(鱼虾类50克，畜、禽肉50~100克，蛋类25~50克)；奶类和豆类食物合占第四层,每天应吃奶类及奶制品100克和豆类及豆制品50克。第五层塔尖是油脂类，每天不超过25克。

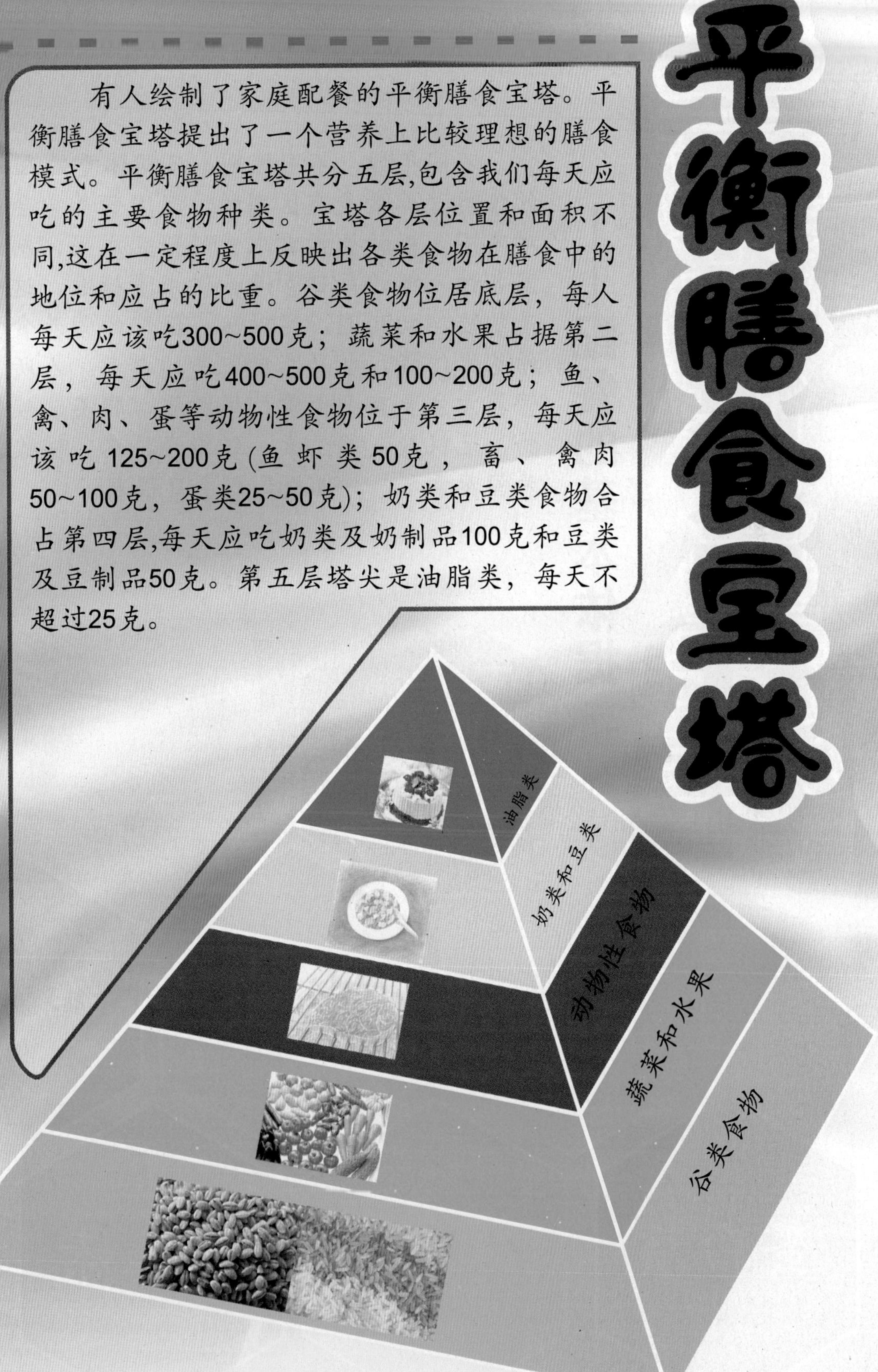

营养素供求量标准

——配餐的基本依据

不同年龄、不同性别、不同体重的人,所需要的各类营养素是有区别的。我国营养学会，根据对不同人群营养素需求量的研究成果，制定了我国各种人群的每日营养素供求量标准。这个标准是学校、幼儿园、运动队、医院的营养食堂配餐的基本依据，也是家庭配餐的参考。人所需要的营养素主要有七大类：蛋白质、脂类、碳水化合物、无机盐、维生素、纤维素、水。核酸是否作为营养素之一，也提到议事日程来了。

脂类

碳水化合物

无机盐

维生素

蛋白质

水

纤维素

平衡膳食

——地道的营养配餐

应用现代营养科学的成果，根据不同人群对营养的需求量标准，将饭菜肉蛋蔬菜进行合理搭配，营养素平衡合理，七种营养素齐全，每种不多又不少，能为人充分吸收利用的平衡膳食，定时定量供应给不同的人群，是一种有益于人类的膳食，地道的营养餐，应大力发展。

比如，针对学生身体需要的学生餐、提供给蓝领或白领雇员的工作餐以及医院针对不同病员的特别营养配餐等。

健康食品

何谓健康食品？至今世界上仍无统一的定义。一般认为，能够提供人类维持生命力之外，尚具备有某些特殊疗效，可以增进或调节某些特定的生理机能之食品，称为健康食品。健康食品可细分为一般食品、绿色食品、疗效食品、营养补助食品、特殊用途食品和机能性食品等。

我国已对健康食品立法监管，只有那些得到了国家有关部门批准的食品才能使用特殊的健康食品标志，在市场出售。

绿色食品 Greenfood

Greenfood® 绿色食品®

世界卫生组织推荐的蔬菜类和水果类健康食品

世界卫生组织推荐的蔬菜类最佳健康食品有13种，依次是红薯、芦笋、卷心菜、花椰菜、芹菜、茄子、甜菜、胡萝卜、荠菜、苤兰菜、金针菇、雪里红、大白菜。人们熟悉的红薯，被列为13种最佳蔬菜的冠军。红薯含有丰富的纤维、钾、铁和维生素B6，不仅能防止衰老、预防动脉硬化，还是抗癌能手，所以它被选为蔬菜之首。

世界卫生组织推荐的水果类健康食品有9种，依次是木瓜、草莓、橘子、柑子、猕猴桃、芒果、杏、柿子和西瓜。木瓜是水果类健康食品的冠军。木瓜里的维生素C远远多于橘子的含量，而且木瓜还有助于消化，能防止胃溃疡。肉甜汁美的草莓不但汁水充足，对人体健康还有极大好处，尤其爱美的女孩可要多吃点，因为草莓可以让你的肤色变得红润，还能减轻腹泻。有意思的是，草莓还能巩固齿龈、清新口气、滋润咽喉。而且，草莓叶片和根还可用来泡茶，真可谓“浑身是宝”。

世界卫生组织推荐的
肉食类·食油类
汤食类·益脑类

健康食品

肉食类 最佳健康食品为鹅肉、鸭肉和鸡肉。鹅肉和鸭肉的化学结构很接近橄榄油，对心脏有好处，尤其是老人不妨适当多吃点。鸡肉是公认的"蛋白质的最佳来源"，老人、孩子更要及时补充。

食油类 最佳健康食品有玉米油、米糠油、芝麻油等，植物油与动物油按1∶0.5的比例调配食用更好。

汤食类 最佳健康食品为鸡汤，特别是母鸡汤，还有防治感冒、支气管炎的作用，尤其是冬春季效果更好。

益脑类 健康食品有菠菜、韭菜、南瓜、葱、椰菜、菜椒、豌豆、番茄、胡萝卜、小青菜、蒜苗、芹菜等蔬菜，核桃、花生、开心果、腰果、松子、杏仁、大豆等壳类食物以及糙米饭、猪肝等。

蔬菜冠军 红薯

世界卫生组织推荐红薯为蔬菜类最佳健康食品之首。小小红薯到底有何神通，能够成为“冠军菜”？这是因为红薯具有鲜为人知的防止亚健康、减肥、健美和抗癌等作用。

红薯含有大量膳食纤维，是其被列入最佳蔬菜最重要的原因之一。红薯所含膳食纤维在肠道内无法被消化吸收，能刺激肠道，增强蠕动，通便排毒，尤其对老年性便秘有较好的疗效。

红薯属碱性食品，也是其被列入最佳蔬菜最重要的原因。一般食物都是酸性的，而人体的PH值为7.34，所以吃红薯有利于人体的酸碱平衡。红薯不仅营养丰富，而且有一定的抗癌效果，但对红薯抗癌的“本事”不能夸大，因为其机理尚未完全清楚。

特别要强调的是，由于红薯缺少蛋白质和脂质，不宜把红薯作为主食。就是把红薯当蔬菜食用，也切忌过量。过量食用红薯或食用方法不合理时，会引起腹胀、烧心、泛酸、胃疼等。红薯不要生食，要蒸 熟煮透才 能 食用。因为红薯中淀粉的细胞膜不经高温破坏，难以消化。同时，红薯中的气化酶不经高温破坏，吃后会产生不适感。

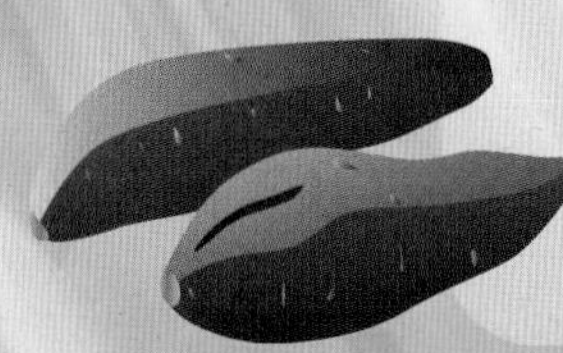

垃圾食品至今没有一个统一的概念。“垃圾食品”一词原指一些快餐食品，如今在多数学者眼中，这个名词已不单纯指洋快餐了。有些学者认为，“垃圾食品”是指仅能提供热量，别无其他营养素的食物，也就是通常所说的高热量、高脂肪、高糖分的“三高”食物。还有一些营养专家认为，“三高”食品本身无罪，不能简单地称某种食品为“垃圾”。一般认为，那些在日常生活中容易过量摄入高热量、高脂肪、高糖分，营养素单一，从而导致肥胖、糖尿病、心血管系统疾病的食物，和那些含有致癌因子和有毒物质的食物，被视为垃圾食品。

垃圾食品

世界卫生组织公布的

和含有有毒物质的有致癌因子

垃圾食物

油炸类、烧烤类食物中含有大量致癌物质，给人体造成了巨大的潜在危害，可以不折不扣地称其为“垃圾食品”。

油炸类垃圾食品：油条、麻花、薯条、炸鸡腿、炸猪排等。这些食品的害处是：

(1)导致心血管疾病（油炸淀粉）；

(2)含致癌物质；

(3)破坏维生素，使蛋白质变性。

烧烤类食品：烤肉串、烤鸡、烤牛排等，这些食品的害处是：

(1)食物烧烤后是有害健康的。由于肉直接在高温下进行烧烤，被分解的脂肪滴在炭火上，再与肉里蛋白质结合，就会产生一种叫苯并芘的致癌物质（三大致癌物质之首）。

(2)导致蛋白质炭化变性（加重肾脏、肝脏负担）。

世界卫生组织公布的『三高』垃圾食物

有一部分高脂、高热量、高糖分的“三高”食物，比如奶油蛋糕和一些新鲜的甜点，不含对人体有害的其他化学成分，只有当人们的饮食结构不合理，偏食这些高脂肪、高糖分食物，造成热量摄入过多而其他营养成分缺乏时，这些食物才变成了“垃圾食品”。如果均衡饮食，适量食用这些食物的同时，摄入了足量的蛋白质、维生素、矿物质等其他营养元素，使脂肪在饮食结构中占有科学的、适当的份额，此时就不能简单地说所有的高热量、高脂肪、高糖食品都是“垃圾食品”。奶油蛋糕和冷冻甜品类食品（冰淇淋、冰棒和各种雪糕）等是这一类垃圾食品的代表，这些食品的害处是：

(1)含奶油极易引起肥胖；

(2)含糖量过高，影响正餐。冰淇淋、雪糕里面的奶油极易引起肥胖。

世界卫生组织公布的

营养单一类垃圾食物

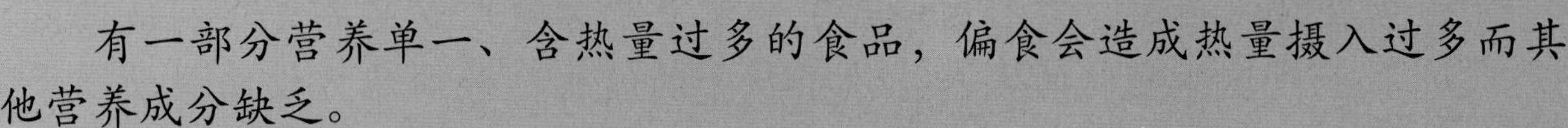

有一部分营养单一、含热量过多的食品，偏食会造成热量摄入过多而其他营养成分缺乏。

饼干糖果类食品（不含低温烘烤和全麦饼干）

这一类垃圾食品中有高糖类的奶茶饼干、糖果、糕点等。这些食品的害处是：

(1)食用香精和色素过多（对肝脏功能造成负担）；

(2)严重破坏维生素；

(3)热量过多，营养成分低。

汽水可乐类食品

这些食品的害处是：

(1)含磷酸、碳酸，会带走体内大量的钙；

(2)喝后有饱胀感，影响正餐。

方便类食品

主要指速食类的方便面、方便炒饭和膨化食品等。这些食品的害处是：

(1)盐分过高，含防腐剂、香精（损肝）；

(2)只有热量，其他营养缺乏。

助孩子戒"垃圾食品"瘾的战略战术（一）

超市中五花八门的"垃圾食品"，已成了都市孩子们从小到大的亲密伙伴。但是，关心孩子成长的家长们不应因溺爱而无限制地满足孩子对这些食物的欲求。为了孩子的健康，必须想方设法帮助孩子戒"垃圾食品"瘾。

晓之以理战术

不断灌输垃圾食品的害处，孩子当然不会马上理解，但重复的次数多了，孩子再有贪吃"垃圾"食物欲望时，他会犹豫。这是一项远期工程，等孩子大一点，有了分辨能力和自制能力，家长的话会潜移默化地影响他今后对食物的选择。

替代物战术

尽量让孩子吃水果、蔬菜和其他含丰富维生素和矿物质的食物，把孩子小小的胃占满。饱饱的感觉不会让他生出吃其他食物的欲望。

小包装战术

尽量买小包装的"垃圾"食品，目的是给孩子尝尝，满足他的好奇心，而不是给他当饭吃。

转移视线战术

在孩子一边吃一边玩着“垃圾”食物包装时，大人装作对这些包装有兴趣，再巧妙地将孩子的注意力转移到别的物品上。

回避战术

趁孩子午睡时或跟阿姨游戏时家长独自去购物，以避免“垃圾食品”的诱惑。同时，不要买孩子喜吃的“垃圾食品”来存放在家里。

饭后茶点战术

千万不可强硬地规定不许孩子去洋快餐店，聪明的孩子非常容易对被禁止的事情产生强烈的好奇心，结果反而使想去的愿望更加强烈。在吃过正餐后，再带孩子去散步，路过洋快餐店时，主动带孩子进去。由于孩子已吃过正餐，吃不下太多的东西，一杯橙汁或一份小号薯条就能令他满足。这样渐渐培养孩子把它们当成饭后茶点的习惯。

助孩子戒"垃圾食品"瘾的战略战术（二）

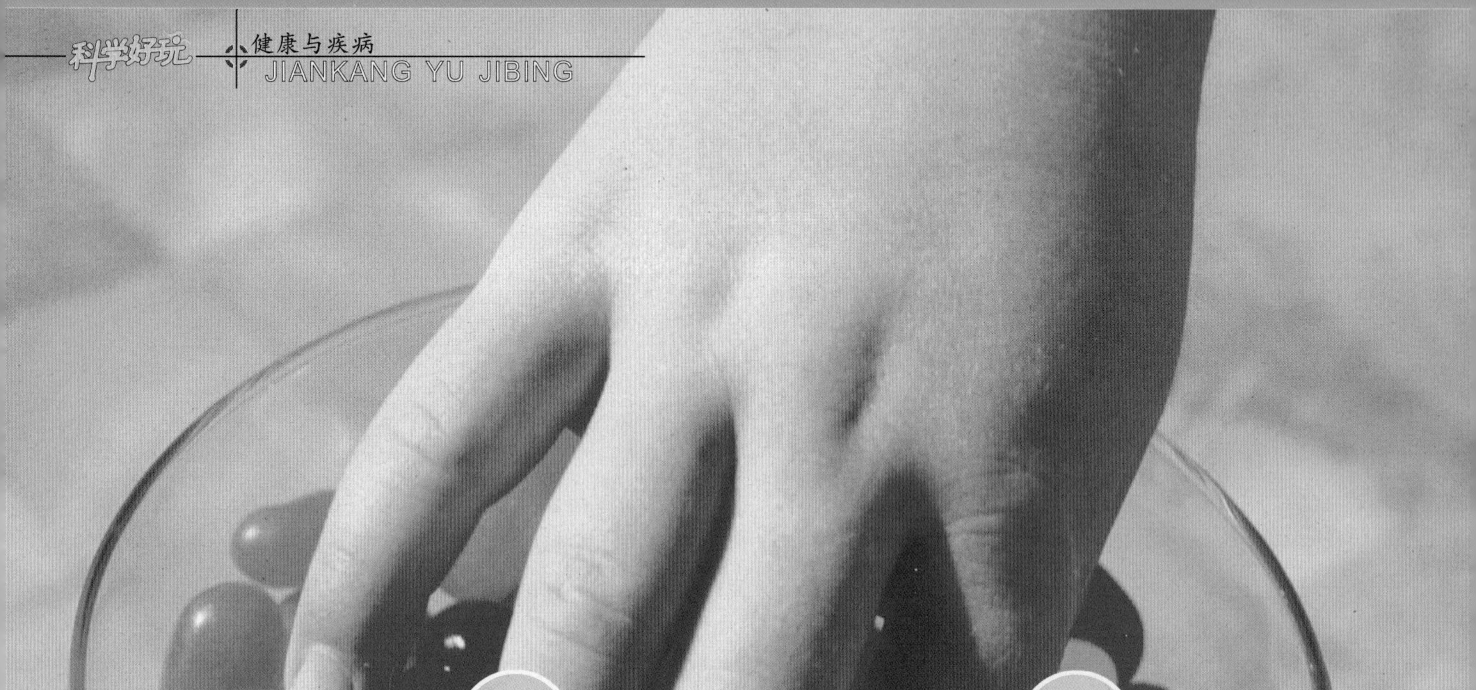

助孩子戒"垃圾食品"瘾的战略战术（三）

一次到位战术

每月一次或两次，家长带孩子正式地大吃一顿洋快餐。孩子想吃什么妈妈就买什么。一次到位地满足孩子的愿望，省得孩子老是惦记有什么东西还没吃过。但同时要带一小盒在家切好的碎果块和可生吃的蔬菜，以弥补维生素的不足。

蔬菜汤战术

让孩子知道，除了汉堡包、薯条和可乐，世界上的美味还很多。要是担心孩子吃的蔬菜太少，从快餐店回来时，顺路买点蔬菜，烧个味美有营养的汤给自己和孩子享用。

大开眼界战术

其中最为简单易行的是家长亲手做的水果蔬菜沙拉。各种颜色的果肉和蔬菜拌在一起，浇上乳黄色的蛋黄酱，赤橙黄绿，又鲜亮又美味诱人，吃起来口感爽爽的。孩子一见倾心，一下子就把洋快餐抛到脑后去了。

家庭配餐的原则

家庭配餐总的原则是，在保持营养平衡的前提下，能满足人体正常生理需要，主副食按适当比例配置，安排饮食内含的八大营养素，齐全，比例恰当，达到中国人每日营养素需求标准，做到一杂三多六常三少。

一杂

吃得杂，细粮粗粮，瘦肉奶蛋，蔬菜水果，样样都适量吃一点，才能满足身体对各种营养素的需要。

三多

多吃蔬菜、水果和薯类。

六常

常吃奶类、豆类或其制品、鱼、禽、蛋、瘦肉。

三少

少吃肥肉、荤油和食盐。

一日三餐的膳食

三餐分配要合理。一般早、中、晚餐的能量分别占总能量的的25%~30%，午餐40%，晚餐占30%~35%。必要时下午三点左右可吃一次午点。

早餐不可马马虎虎，应包括谷类（馒头、面包、小点心等）、肉蛋类（一个鸡蛋或少量熟肉、肠等）、一杯牛奶（约250毫升），水果或蔬菜（一些小青菜、泡菜或纯果汁）。

午餐是一日之正餐，这段时间人们的工作、学习各种活动很多，且从午餐到晚餐要相隔5~6小时甚至更长，所以要供给充足的能量和营养素，谷类、肉类、蔬菜要搭配好。午餐的内容应包括主食（谷类），要粗、细粮搭配，肉类（鱼、禽、肉、蛋），青菜（红、黄、绿色菜搭配），豆腐或豆制品。下午如加点心可吃水果及酸奶。

晚餐不宜吃得过多，因晚餐后一般活动较少，吃得太多宜造成肥胖，且吃得过多会影响睡眠。晚餐内容宜清淡些，少吃肥甘厚味，可吃低脂肪、低能量的食物，如多些蔬果，适量的谷类、豆类及肉类。

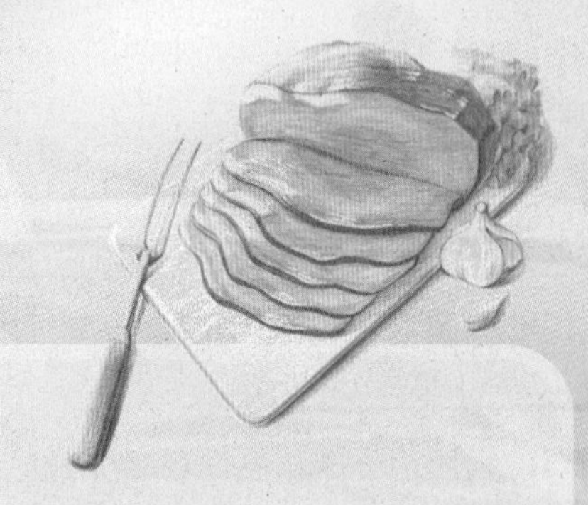

吃得好就是“肉多油大”

不少人误认为把肥甘厚味、香甜美味的东西吃个心满意足，就是“吃好”，以至于过量摄入油脂、糖类等高热量食物，结果是在一部分经济条件较好的人群中，肥胖病、糖尿病、高血脂病等与膳食营养摄入不当有关的疾病显著增多。

植物油十全十美，多吃植物油无妨

目前，家庭消费植物油量大增，一个三口之家一月消费一桶5千克装的调和油是很普通的事。特别是在炒菜时，为了追求菜的味道，植物油放得很多。人们只注意少吃肥肉，少吃动物性脂肪，对过量摄入植物性脂肪失去警惕。须知，植物油也是脂肪，多食同样会引起肥胖等症。

用大油大肉炒菜时，多吃菜没关系

蔬菜加热过程中，水分丢失，油脂进入细胞，多吃菜势必增加脂肪的摄入。菜也不是越多越好，要讲究平衡膳食。

饮食的误区（一）

饮食的误区（二）

只注重主食控制，没有控制总热量

很多人注意每餐少吃饭，对主食控制较严格，却没有注意每日摄入的食物中的总热量。正确的方法是控制一日总热量的平衡膳食。主食摄入过低，机体分解蛋白质，脂肪产热，进一步造成三大代谢紊乱，甚至产生酮症酸中毒。只控制主食，不控制总热量，肉类食品和烹调油摄入过多，会造成总热量过高。热量过高，是产生冠心病、高血压、高血脂、糖尿病的重要原因。

只吃素不吃荤

有人主张只吃素不吃荤。这是不正确的，与食品科学的“平衡膳食”原则相悖。一些动物性食物营养是植物性食物不能代替的。动物性食物蛋白质含量高，是优质蛋白；动物食品中的营养素人体易吸收，如血红素铁比无机铁吸收好，有机锌、有机硒、有机铬都比无机元素吸收好。动物食品又是一些维生素的丰富来源，如维生素B_{12}。

幼儿食品的烹饪

幼儿食品的烹饪,应适应其消化系统的特点。幼儿的乳牙正陆续萌出,咀嚼、消化功能虽较婴儿强一些,但仍较差。因此,其饭菜宜细、软、烂碎。为避免维生素等营养素的流失破坏,煮米饭淘米时,一般不宜超过三次淘洗,要做蒸饭而不做捞米饭;做面食不要加碱;做菜时汤要少,汤汁能喝完;炒菜要急火快炒。菜肴调味时,可加少量醋,既能防止维生素B_1、B_2、C等的氧化,还能促进钙、磷等营养素的溶解,有利于消化吸收。由于幼儿消化能力不强,胃容量较小,1~2岁的幼儿可安排一日五餐,2~3岁幼儿可安排一日四餐(早、午、晚三餐及午后一次点心的“三餐一点”进食制度),两餐间的距离3~4小时。

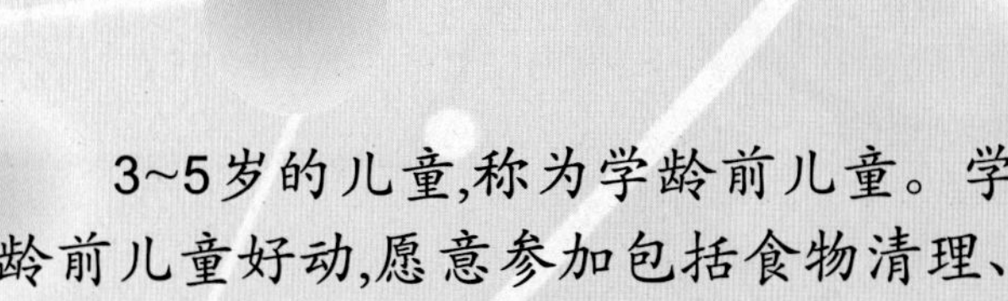

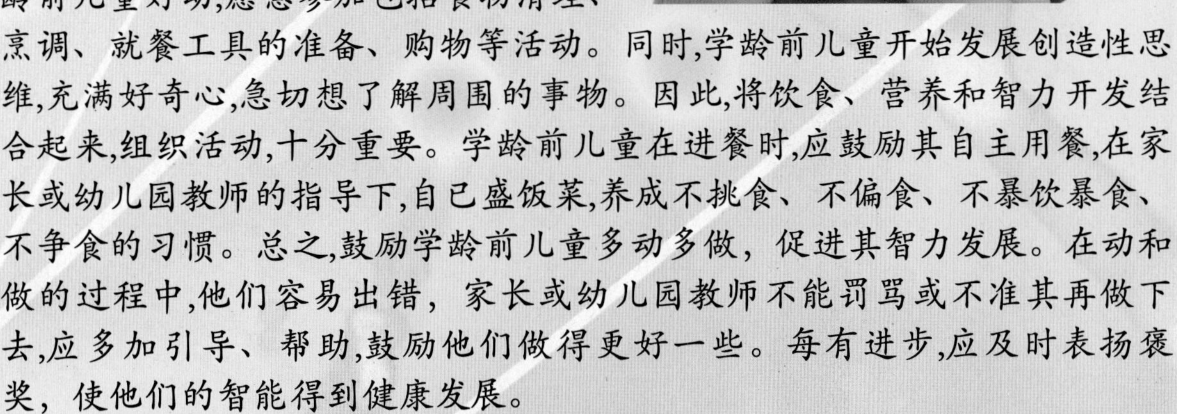

3~5岁的儿童,称为学龄前儿童。学龄前儿童好动,愿意参加包括食物清理、烹调、就餐工具的准备、购物等活动。同时,学龄前儿童开始发展创造性思维,充满好奇心,急切想了解周围的事物。因此,将饮食、营养和智力开发结合起来,组织活动,十分重要。学龄前儿童在进餐时,应鼓励其自主用餐,在家长或幼儿园教师的指导下,自己盛饭菜,养成不挑食、不偏食、不暴饮暴食、不争食的习惯。总之,鼓励学龄前儿童多动多做，促进其智力发展。在动和做的过程中,他们容易出错，家长或幼儿园教师不能罚骂或不准其再做下去,应多加引导、帮助,鼓励他们做得更好一些。每有进步,应及时表扬褒奖，使他们的智能得到健康发展。

培养学龄前儿童良好的饮食习惯

幼儿园的「三餐两点」进餐制

根据学龄前儿童的特点和中国营养学会制定的3~5岁儿童每日膳食营养素供给标准,选择搭配营养平衡的食物,采取一日“三餐两点”进餐制。举某幼儿园一日幼儿菜谱为例：早上七点半进早餐,牛奶150克、蔗糖10克、馒头50克、蒸鸡蛋45克；十一点半进午餐,焖烂饭100克、猪瘦肉丸25克、番茄100克、豆腐汤50克、炒苋菜100克、油8克；下午三点半吃一次点心,饼干2片20克、番茄汁150克、蔗糖10克；下午五点半晚餐，烩面条100克、小白菜50克、鸡肝20克、油2克；晚上七点半一次点心，牛奶150克、蔗糖10克。

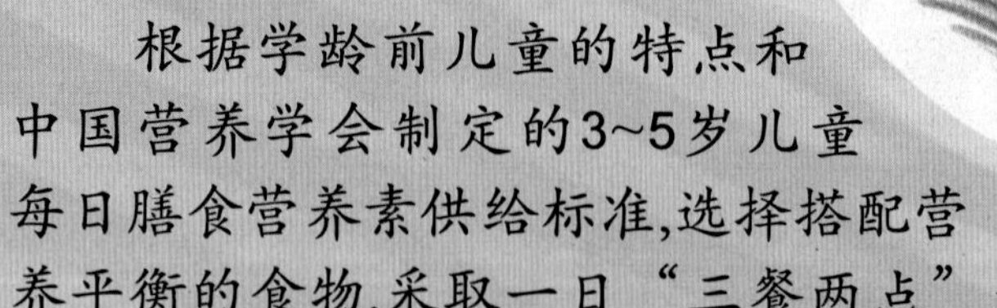

营养是智力发育的基础，各发达国家都十分重视学生营养餐,将其视为教育中的一个重要环节。日本从1954年起便颁布了“供食法”，决定对全国的小学生由各地的中心厨房提供营养平衡的学生餐食品。美国政府机构中也专设有儿童食品计划服务部，负责制定学龄儿童的早餐、午餐及特种食品标准，每天进学生餐者达4000万人左右。我国学生餐已在各地兴起,但缺乏营养师指导，往往膳食供给量距标准供给量差距很大,一是量上的差距,二是营养素平衡供给上的差距。如对某住宿生膳食调查表明,热能仅达标准的70%~80%，蛋白质仅达标准的70%，钙和维生素更低,仅达标准的50%。

重视学生营养餐

断奶及断奶食品

——防治营养性疾病的关键

出生4~6个月的婴儿,其所需的全部食物和饮料就是母乳。在这之后,婴儿的生长速度已超过乳汁的供应。虽然母乳产生的量未减少,但已不能满足婴儿的需要,这时,便需要给予适当的辅食了。这便是孩子断奶期的开始。断奶期是一个循序渐进的长过程。这个过程掌握得好不好,补充的断奶食品是否恰当,对儿童的生长发育十分重要,很多营养性疾病就是在这个时期发生的。6个月至3岁断奶期的幼儿主张在幼儿营养师指导下,逐步从食用奶类、果蔬汁流质食品向果蔬泥、果蔬肉泥及饭、面、肉、果、菜搭配合理的固态食品过渡。也可在市场上选购专门为断奶期儿童食用的果蔬汁饮料和小罐头食品。这种断奶食品是分月龄、年龄的配套流汁、半固态、固态食品。

偏食——最坏的恶习

儿童在进食时,只吃某几种食物，叫偏食。偏食是儿童最坏的恶习。人需要各种各样的营养素,偏食使某一类营养缺乏,必不可免地要患不同类型的营养性疾病，影响身体的生长和发育。如果儿童不食或少食蔬菜,便会患口角炎等多种多样的维生素缺乏症和便秘等纤维素缺乏症。不吃肉食,则可导致消瘦等营养不良症,对疾病的抵抗力下降。如果喜食偏食糖果饮料,则会导致厌食症。偏食多数是因家长偏食的带坏头作用和食物单调引起的，也有因儿童患肝炎、胃肠炎引起的。家长和儿童要共同努力,坚决克服偏食恶习,保证儿童健康成长。

预防疾病

起居与四时相应，春夏季早睡早起，秋冬季早睡晚起；保持室内卫生，注意通风；注意防寒保暖；勤洗手、多喝水；坚持必要的锻炼；合理饮食、注意营养；及时注射疫苗；定期进行健康检查；调整心理状态，保持心态平衡。

展品操作观众启动操作台的按钮后，多媒体电脑将以动画的方式介绍健康与疾病的概念、疾病的成因以及如何预防疾病、确保健康的方法，通过这个展项，观众可在认识健康与疾病的同时，增强保持健康身体、远离疾病困扰的意识。

动物与传染病

除狂犬病外，狗能传播多种疾病。带有沙门菌的狗污染食物，有可能使人发生胃肠型食物中毒。还有一种弯曲菌，引起肠炎，使人腹泻、腹痛、呕吐，弯曲菌流入血液，可以引起败血症、腹膜炎、胆囊炎、关节炎、尿道炎、阑尾炎。这些病，有时会要了人的命。科学家们研究，人为什么会得弯曲菌肠炎，发现狗是弯曲菌的重要来源之一，在健康狗和病狗的粪便中，均检出了弯曲菌，检出率达36.4%。被狗粪污染的食物和饮水，可以将弯曲菌传播给人，使人患病。

猫与隐孢子虫病

家庭里养的小猫、小狗等宠物，稍有不慎，便会成为害己害人的祸胎。有一种在全世界广泛流行的隐孢子虫病，城市里的罪魁祸首便是家庭宠物小猫和小狗。

隐孢子病是一个一种叫隐孢子虫的原生动物引起的，是一种十分危险的疾病，主要表现为急性腹泻和慢性腹泻，以慢性腹泻特别危险。

患隐孢子虫病的小猫、小狗的粪便污染食物、水和用具，隐孢子虫便会进入人体。隐孢子虫侵入人体后，在人体中潜伏4~14日，平均10日，便会使人发病。人体免疫功能健全者往往表现为急性腹泻，每日腹泻4~10次，伴有恶心、呕吐、腹痛、腹鸣、食欲减退、发热及头痛等，一般3~12日内能自愈，并一般不会复发。

人体免疫功能健全者者往往表现为慢性腹泻，病程持续20日至2年，有的病人表现为霍乱样水泻，每日失水3~6升，甚至超过17升，导致电解质失衡，循环衰竭而死亡。

隐孢子虫病是一种全球性的传染病。目前，至少有68个国家、228个地区发现了隐孢子虫病病例。我国也于1987年发现隐孢子虫病例，迄今发现了近千余病例。隐孢子虫病常在军队、幼托所呈小型流行，也有家庭聚集性，还是引起旅游者腹泻的病因之一。隐孢子虫病还鲜为人知，应引起人们，特别是养小猫、小狗的人的重视。

小猫不但能传播隐孢子虫病，还能传播华支睾吸虫病、狂犬病、鼠疫、并殖吸虫病、丝虫病等疾病。

面对人畜共患疾病

各国的医疗机构和防疫部门，对人畜共患疾病都是非常重视的。切断传染源，是第一重要的。对于那些能引起严重后果的病畜，要坚决捕杀，如患狂犬病或黑热病的犬只，杀后焚烧以绝病源。对上市的猪、牛、羊肉要进行严格的检疫，病畜肉品绝不允许流入市场并没收焚烧。

同时，对城市饲养宠物进行严格管理，定期注射狂犬疫苗。广大宠物饲养者不要同小狗、小猫过于亲热，注意经常给小狗、小猫洗澡，及时清除宠物粪便。食物和饮水注意不要被宠物粪便污染。如不慎被宠物咬伤、抓伤，要及时到医院治疗，打预防针。

蚊虫往往是人畜共患疾病的传播媒介，因此，公共场所要清除蚊蝇滋生场所。蚊虫主要在受污梁的池塘、游泳池、排水沟、泥坑、粪坑、阴沟和稻田中繁殖，城乡均要通过爱国卫生运动，加强对这些场所和地方的清理和消毒工作，提供优良和适宜的下水排泄系统。在疫区，要将所有池塘和水坑的水排尽或填充沙子。

个人则要注意防止蚊虫叮咬。居室要安纱窗，室内或挂纹帐，或使用驱蚊剂，喷洒驱蚊气雾药，以防睡眠中被蚊虫叮咬。在野外，要穿长袖衣服和长裤，尽量避免皮肤裸露，并涂抹驱蚊药物，可减少蚊虫叮咬的机会。

只要我们注意预防，人畜共患疾病的危害便会减小到最低限度。

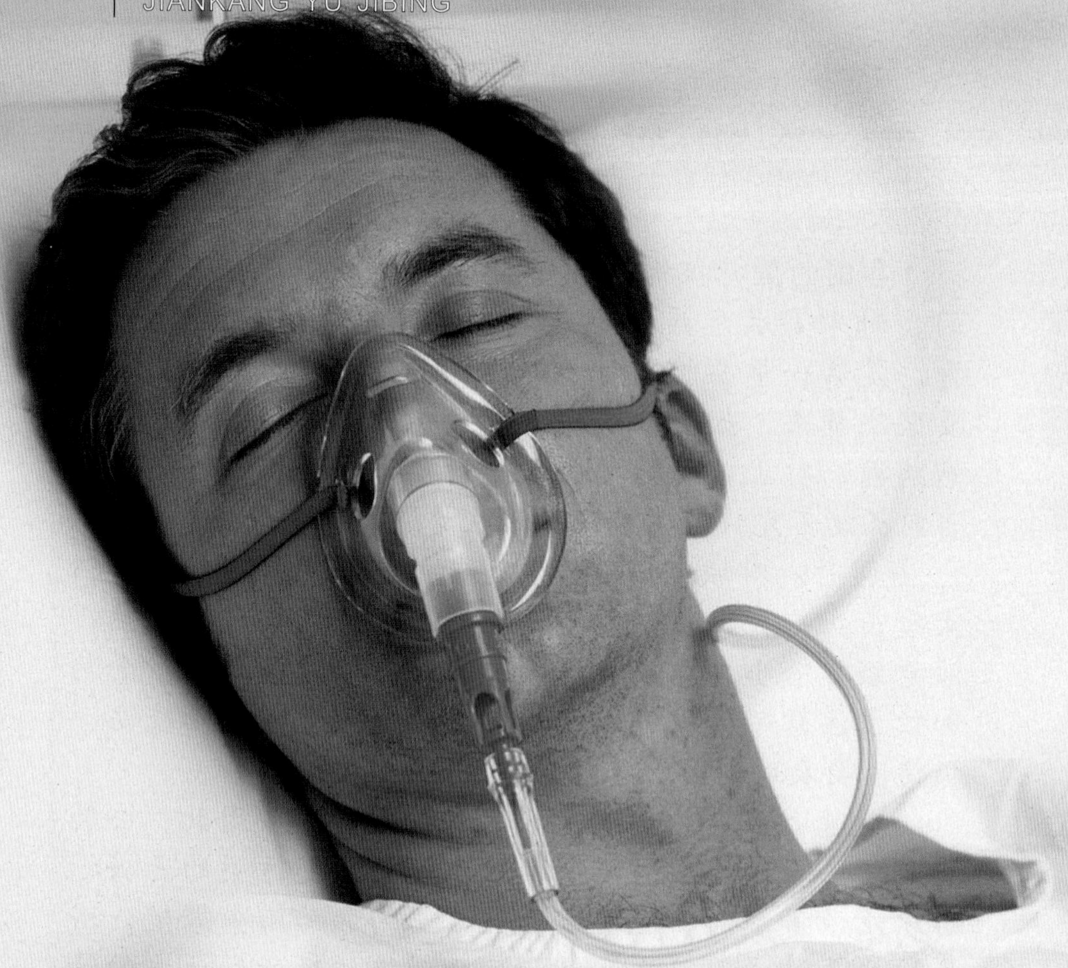

现今人类常见疾病

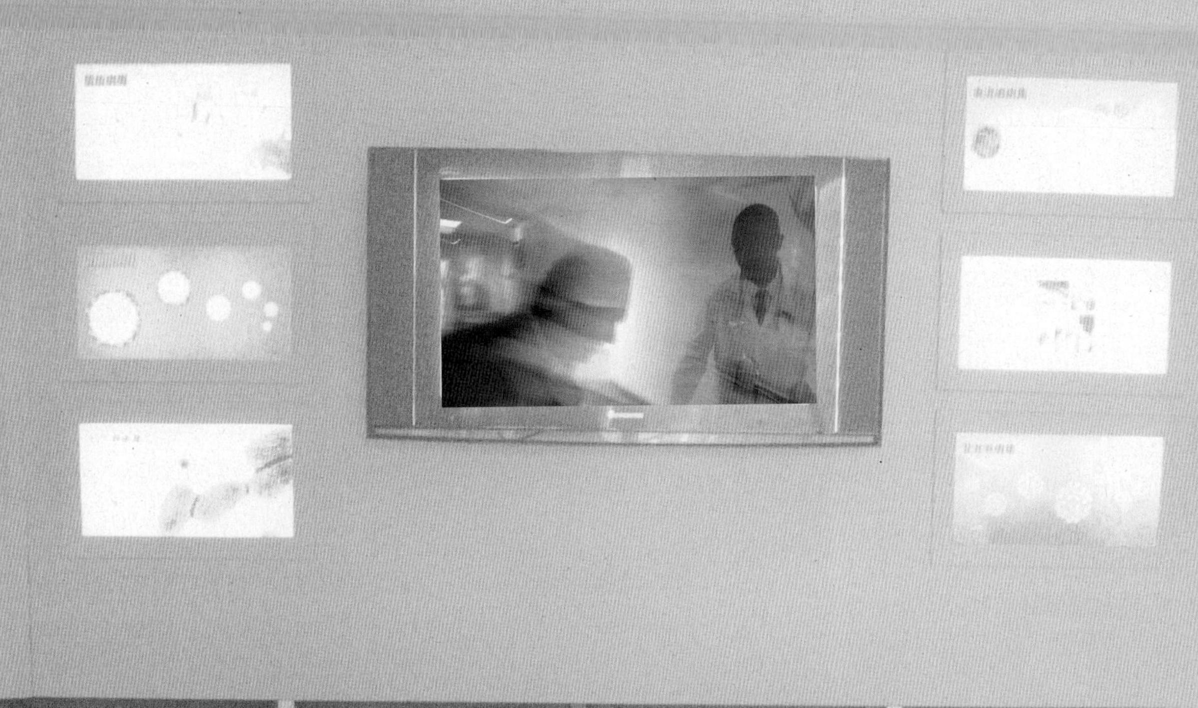

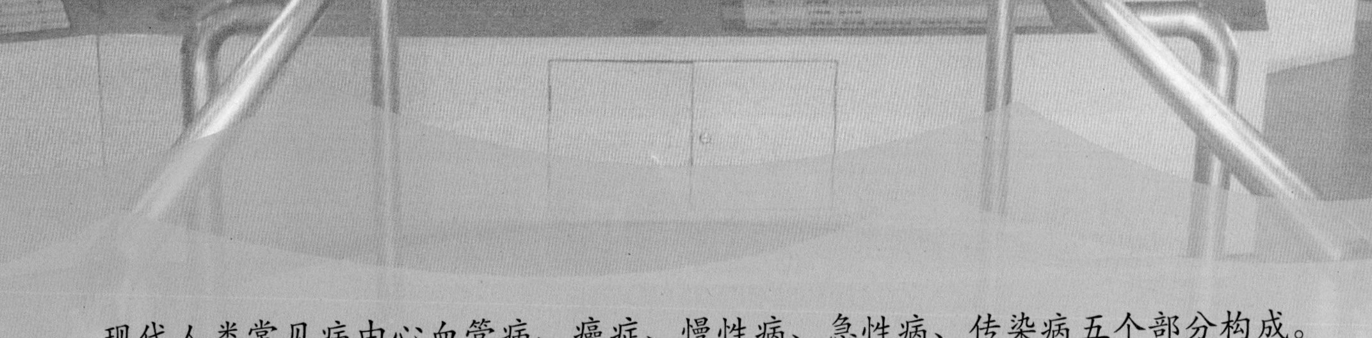

现代人类常见病由心血管病、癌症、慢性病、急性病、传染病五个部分构成。
心血管病：包括高脂血症、高血压病、冠心病等疾病。
癌症：包括食管癌、胃癌、肝癌、肺癌、乳腺癌、宫颈癌等疾病。
慢性病：包括胆石症、颈椎病、胃病、肝病、糖尿病、肾脏病等疾病。
急性病：包括中风、急性阑尾炎、肠梗阻、急性肾小球肾炎等疾病。
传染病：包括肝炎、SARS、艾滋病、呼吸道传染疾病、各类性病等。

2006年5月全国甲、乙类传染病发病、死亡统计表

病名	发病数	死亡数
狂犬病	241	192
流行性乙型脑炎	37	3
登革热	[illegible]	0

传染病排行榜

根据中国传染病防治法等有关法规，列为法定报告的27种传染病包括：鼠疫、霍乱、病毒性肝炎、细菌性和阿米巴性痢疾、伤寒和副伤寒、艾滋病、淋病、梅毒、脊髓灰质炎、麻疹、百日咳、白喉、流行性脑脊髓膜炎、猩红热、流行性出血热、狂犬病、钩端螺旋体病、布鲁氏菌病、炭疽、流行性和地方性斑疹伤寒、流行性乙型脑炎、黑热病、疟疾、登革热、新生儿破伤风、肺结核和传染性非典型肺炎。

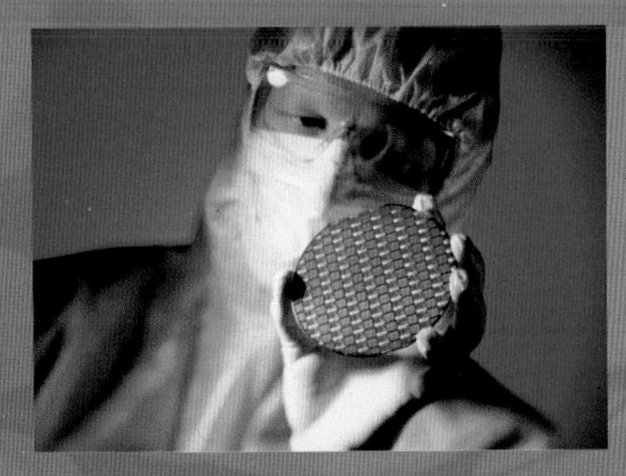

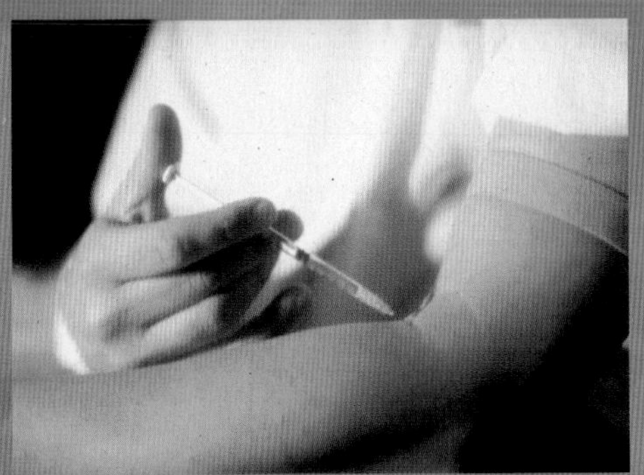

SARS和艾滋病的预防

SARS病毒的传播途径确定为飞沫传播和亲密接触，即近距离传播。只要限制传染源的活动范围，疫情便会得到有效控制。艾滋病病毒的医学名称为“人类免疫缺陷病毒”（英文缩写HIV），它侵入人体后破坏人体的免疫系统，使人体发生多种难以治愈的感染和肿瘤，最终导致死亡。艾滋病的传染源有：血液、不洁的性交、吸毒（静脉注射）、母婴传播。预防也就从这几个方面入手。